點亮品牌之光

收錄20個勇於實踐、翻轉人生的夢想故事

——— 優報導youReport 編著

CONTENTS

06　**推薦序**
　　帛琉共和國駐台名譽總領事 張啓城

08　**社團法人台南市好人好事運動協會**
　　榮譽理事長 郭治華

18　**社團法人德內儿國際兒童助學會**
　　吳思瑩 執行長

28　**保進文教機構**
　　創辦人 江宗穎

38　**鴻仁製麵食品股份有限公司**
　　創辦人 蔡鴻德

48　**臺中市私立大豐汽車駕駛人訓練班**
　　創辦人 黃靖雄

58　**鑑價師雜誌社**
　　社長 黃聖翔

68　**iLOVE 愛樂芙創意布置**
　　創辦人 侯逯陞

78　**締揚有限公司**
　　創辦人 涂珮縈

88　**臺灣能源與環境發展協會**
　　創辦人 翁國亮

98　**國際藝術收藏家協會**
　　理事長 施珍瑛 專訪

點亮品牌之光 ⑤

108 | **SKB 辛建文捲門集團**
董事長 辛慶利

118 | **造境農場**
負責人 楊智平

128 | **MONI 沐尼**
品牌總監 張哲維

138 | **財團法人台南市私立聖功社會福利慈善基金會**
執行長 徐榕駿

148 | **財團法人苗栗縣私立幼安教養院**
院長 林勤妹

158 | **貝鱺欣業有限公司**
董事長 張永綜

168 | **貓村自然景觀公園**
創辦人 王文評

178 | **中華民國跨世紀油畫研究會**
前理事長 蔡瓊書

188 | **擒慾實驗所**
創辦人 席耶娜

198 | **魔球高爾夫 Venom Golf**
創辦人 林隆瑋

推薦序

點亮品牌之光
照耀中小企業的未來

　　在臺灣這片土地上，中小企業如繁星般閃耀，支撐著經濟的脊梁。然而，許多企業家的奮鬥故事卻隱沒在時光的洪流中，未被世人所知。優識文化的《點亮品牌之光》專案，正是為這些默默耕耘的企業點燃希望之燈，讓他們的故事被更多人看見，讓他們的品牌在市場中綻放光芒。

　　回首自己的創業旅程，從臺北科技大學機械工程系畢業後，我投身於文教、人力資源和旅遊等行業。一路走來，深知創業的艱辛與挑戰。每一位企業家都懷揣夢想，面對無數未知的風險與困難。然而，正是這些挑戰，讓我們不斷成長，堅定前行。

　　《點亮品牌之光》專案透過深度訪談，挖掘臺灣在地優質企業創辦人或職人的故事，將他們的奮鬥歷程、經營理念與核心價值傳遞給廣大讀者。這不僅為企業提供了品牌形塑與曝光的機會，更為正在創業或想要創業的後進帶來啟發與激勵。透過這些真實的故事，讀者能感受到每位創辦人堅持夢想的熱忱，從中汲取力量，勇敢追尋自己的夢想。

Foreword

　　在我擔任北科大校友會全國總會長期間，深刻體會到連結校友、協助母校發展的重要性。同樣地，優識文化透過《點亮品牌之光》專案，連結了各行各業的優秀企業，為他們搭建了一個展示自我、互相學習的平台。這種共好、共榮、共享的理念，正是我們社會所需要的正向力量。

　　我誠摯地推薦《點亮品牌之光》專案，期望透過這個平台，更多中小企業能夠被看見，讓他們的品牌之光照亮臺灣，甚至走向世界。同時，也希望這些故事能激勵更多人勇敢追夢，為臺灣的未來注入源源不絕的活力與希望。

張珍城

帛琉共和國駐台 名譽總領事
國立鹿港高中校友會 理事長
國立臺北科技大學校友總會 理事長

以技術為基礎 以善行為信念
匯聚力量 讓世界更溫暖與美好

從精湛技藝到大愛無私
連結社會的力量

社團法人台南市好人好事運動協會
榮譽理事長 郭治華

　　郭治華為志鋼金屬的總經理，不僅是一位技術精湛的企業家，更是一位充滿社會責任感的公益推動者。在事業穩定後，他將心力傾注於台南市好人好事運動協會，擔任協會理事長，積極推動地方公益。憑藉他的熱忱與行動，協會成為台南社區服務的中堅力量，從扶持弱勢群體到保護環境，郭治華始終親力親為，帶領協會屢獲全國好人好事的優異成績。他用行動詮釋「好人好事」的真正含義，不僅鼓舞了當地居民，更為企業家該如何回饋社會樹立了標杆。郭治華的故事，是一位成功企業家跨越商業成就，走向公益與社區服務的典範。

走出安平眷村 技術專長的開端

郭治華的技術之路源於台南安平的眷村。在這個平凡漁村的地方，父母親和姐姐都作為兵工廠軍鞋製品技術員的經歷，深深影響了他對技術的熱愛與尊重。從小耳濡目染，郭治華逐步理解到技術的細膩與精準，體會到它不僅是一種謀生手段，更是「精進技術」的體現。他的技術啟蒙在家庭氛圍中萌芽，而真正的技術學習之路則始於台南高工板金科。

郭治華原本志願是讀「飛機修護科」，卻因高中聯考成績分數未能如願。但在考取板金科他意識到，自己依然可以在技術

領域中成就自我。郭治華比任何人都投入技能學習，於是老師栽培他成為板金職類的選手，代表學校參加了各項技能競賽，屢次獲得獎項，其中包括全國工科技藝競賽金手獎、台灣省技能競賽金牌、全國技能競賽板金銀牌，更二次入圍國手選拔賽，這些成績既展現了他的專業技術，也提升了他的自信，更磨練了他解決問題的能力與堅持不懈的精神。

創業之路 堅韌與不斷求變

服完兵役後，郭治華與幾位志同道合的同學合資開設了「志鋼金屬」，這是他們共同創業的第一步。起初的公司規模有限，僅能承接一些小型訂單，但憑藉技術實力和不懈努力，公司逐漸站穩了腳跟。然而，隨著業務擴大，公司開始遇到

人員管理上的挑戰,尤其是高流動率使得公司經營面臨困境,這讓郭治華意識到,企業發展不僅僅依賴技術,還需要強有力的管理能力。

為了提升自身的管理能力,他決定返回校園進修,並取得成功大學 EMBA 學位。這段學習經歷拓寬了他的管理視野,使他更加深入地理解企業管理的核心要素。他學會了如何有效地調動員工積極性,如何在公司中推行現代化管理模式,並逐步形成了志鋼獨特的經營理念。回到公司後,他將所學到的管理知識應用於公司日常管理中,成功提升了員工的穩定性和工作效率,從而讓公司走上穩定發展的軌道。

隨著公司的業務不斷增長，郭治華逐漸意識到設計與創意在技術行業中的重要性，因此他更進一步攻讀文化創意設計博士學位，成為台灣首位文化創意設計博士。這一學位讓他能夠將創意與技術相結合，為公司帶來更多創新價值。公司逐漸從單純的金屬加工廠轉型為兼具技術與設計的綜合性企業，並成功拓展了業務領域及更能招募到優秀人才。

服務社會 台南市好人好事運動協會的貢獻

　　事業穩定後，郭治華將更多精力投入到台南市好人好事運動協會，積極推動地方公益事業。作為協會理事長，他不僅擴大協會的影響力，還深度參與社區建設，致力於讓協會成為推動社會正能量的動力。他領導協會成員參與了多項社區服務項目，包括環境保護、扶持弱勢群體、關懷長者和選拔更多好人好事事蹟及代表，協會的每個活動中都能看到郭治華親自參與的身影。

在郭治華的帶領下，協會多次榮獲全國好人好事評比的優異成績，更連續二年榮獲台南地區全國好人好事八德獎的得獎人全國第一的榮耀，也帶動了當地居民對公益活動的參與熱情。郭治華不僅是協會的靈魂人物，更是當地公益活動的精神支柱。面對這些成績，他謙虛地表示：「好人好事並不只是口號，而是我們應該時時實踐的行動。」他認為，公益事業是每個企業家不可推卸的社會責任，他用行動詮釋了「服務社會、回饋社區」的理念。

協會在他領導期間推動的項目，不僅僅停留於一時的幫助，而是著眼於社區的長遠發展。例如，他組織了多場義務清掃活動，不僅美化了社區，還通過這樣的行動教育下一代珍惜環

境、關愛家園的重要性。此外，協會還開展了多次募捐活動，將資金和物資送至有需要的群體中。他的每一步舉措都體現了他的社會責任感，使台南市的居民切實感受到了公益事業帶來的溫暖。

勇敢追夢 以技術為核心 塑造品牌價值

郭治華始終秉持「技術創造價值」的信念，認為產品的品質與品牌價值相輔相成。他認為，技術不僅是生產的核心，更是品牌的基礎和靈魂。因此，他在創業過程中，始終對品質有著不妥協的堅持。無論是生產過程的每個環節，還是最終產品的包裝和呈現，他都親力親為，力求做到最好。

面對日益激烈的市場競爭，郭治華積極推動技術創新，不斷引進先進設備和自動化生產線，確保產品在市場上具有競爭優勢。他還鼓勵團隊在產品設計上加入創意元素，力求在品質與創新中達到平衡，這樣的理念不僅讓志鋼金屬在市場中脫穎而出，也使每位員工深刻體會到企業品牌價值的重要性。

　　郭治華的奮鬥歷程是技術專業和社會責任的完美結合。他的創業故事激勵了無數年輕創業者，向他學習如何在技術和公益中找到平衡，用技術創造價值，並勇敢追夢。郭治華相信，無論是哪個領域，只要秉持初心、堅持不懈地努力，就能在選擇的道路上創造屬於自己的成就。透過他對技術和公益的堅持，他已然成為業界和社會的標杆，讓更多人看到技術的價值與可能性。

社團法人台南市好人好事運動協會

📞 0952-364-718

✉ yang5041@yahoo.com.tw

📍 70143 台南市東區懷恩街 56 號

官網

用愛點亮希望的燈塔 讓每個偏鄉孩子看見屬於他們的光明未來

走在教育的險境，不畏艱辛
讓偏鄉孩子們有改變一生的權利

社團法人德內儿國際兒童助學會
執行長 吳思瑩

在這個現代化蔚爲風潮的時代，偏遠學校的孩子們往往隱沒在社會進步的陰影中，被時代的浪潮遺忘於歷史的邊際。然而，在這片遠離都會喧囂的偏鄉，潛藏著一群默默付出、鮮爲人知的教育英雄。這群英雄，卽是那些奮鬥於偏鄉學校前線的教育工作者，他們以卓越的奉獻與無私的愛心，默默地改變著這片土地的教育面貌。「社團法人德內儿國際兒童助學會」的執行兼創辦人——吳思瑩，她致力於推動國際偏鄉地區的兒童教育推廣和助學計畫，分享她的初心、使命，以及該學會一步一腳印的成長歷程。

生命之韻 感動心靈的奇蹟與故事

　　在一次前往青藏高原的旅行中，吳思瑩發現了一所深山寄宿學校，面對極度缺乏教育資源的孩子們，她深感震驚。一大清晨，孩子們就拿著樹枝在泥土地上努力練字學習，這景象讓她感觸良深，也讓她反覆深思：「怎麼會有這麼缺乏資源的孩子，但他們又這麼努力想要學習呢？」這次的經歷成為創辦慈善機構——德內儿的契機，她決心為這群孩子做出實質的改變。

　　於是，從 2009 年開始，她發起集資活動，從最基本的文具——一支筆開始，逐漸擴展到每年提供橡皮擦、筆記本、筆

袋等各種學習用品的支援。每年秋天，這些愛心文具會送到全球偏遠地區的學校，包括小學、中學、孤兒院、以及一些佛學院。這段心路歷程既是對遠方孩子的深切關懷，也是對自身價值觀的深刻反思，並推動她不斷擴大援助的範圍。

2015年，吳思瑩與好友們一同向臺灣內政部提出申請，經過審核通過，正式立案為「社團法人德內儿國際兒童助學會」。除了持續支持跨國助學計畫外，亦回歸於臺灣這片土地，深耕各項助學計畫，以支持當地偏鄉的教育發展。截至2021年底，德內儿國際兒童助學會已協助超過200多所位於偏遠山區的學校，遍布於臺灣、尼泊爾、不丹、印度，以及中國的青海省、四川省、雲南省等地。每年的助學計畫影響著一萬多名學童，

為他們提供更豐富的學習機會與資源。吳思瑩的初心源於看見生命奮鬥的感動，而偏鄉正是最需要幫助的地方。這份深切的使命感，是驅使她踏上慈善之路的原動力。

為了偏鄉孩童的教育 再苦也願意

德內儿國際兒童助學會的開展並非一帆風順，創辦人吳思瑩回憶起初期的艱辛，仍然心有餘悸，她回憶道：「起初，我們面臨著資金不足、師資流動率高等種種困難。但是，看到孩子的笑容和生活狀況有所改善，一切辛苦都變得微不足道。」

吳思瑩分享著創辦初期的點滴，發現偏遠山區的學校不僅在物資上匱乏，而且教育方面也面臨著許多挑戰。這些學校由於

地理位置不便，導致教師流動率高，招聘難度大。學校面臨編制不足的問題，因此老師需要身兼多職，同時準備課程、照顧孩子和兼作學校行政。為了解決這些問題，德內儿國際兒童助學會於 2018 年啟動了種子老師計畫，招募對偏鄉教育有熱忱的青年學子，經過專業培訓後，讓他們在寒暑期能到偏遠學校進行短期教學服務。

除了種子老師計畫外，也開展了長期多元課輔項目，包括提供有經驗的老師定期到學校進行閱讀教學，並增加英文課程以滿足地區發展的需求。對於未來有機會加入德內儿國際兒童助

學會的夥伴，吳思瑩強調德內儿國際兒童助學會的團隊年輕有活力，專注於偏鄉教育，並提供多樣的參與方式，包括培訓實習、捐款贊助、學習用品助學，短期教學服務及加入長期多元課輔計畫。

善念的種子 造就無盡福田

作為一個自發性的團體，德內儿國際兒童助學會在面對資源不足時，始終秉持著對偏鄉孩子的關懷與使命感，這使得他們即使面對起伏不定的情況時，也能夠不斷地依據孩子們的需求而持續展開助學項目，並且為此努力不懈。

「即便重新來過，我仍然會選擇為偏鄉孩子做出奉獻，並致力於影響他們的未來。」吳思瑩感性說道。每一個助學項目的展開，從不同角度來看，都是在回應偏鄉孩子的需求，也使其具有深刻的意義。

然而，隨著助學項目的擴大，經費成為目前最大的困難。長期的執行和努力使得德內儿國際兒童助學會面臨許多學校的需求申請。而這些都需要更穩定、充足的經費來支持。雖然這是當前面臨的艱鉅任務，但同時也是夥伴們前進的動力。

展望未來，吳思瑩期待助學項目能夠持續茁壯，覆蓋更多有需要的偏鄉孩子。德內儿國際兒童助學會不僅在國內推廣，也在海外展開服務，提供更多機會給培育的老師參與助學行動。面對未知的挑戰，吳思瑩期望透過更多人的參與，提高曝光度，讓更多人認識他們的使命與努力。

德內儿國際兒童助學會強調每一個小善念的力量。他們相信，每一份微小的善舉，都能成為未來無盡福田的種子，照亮更多的路，共同將這份善心傳播出去。

愛心的力量 改變偏鄉的明天

　　創辦人吳思瑩的事蹟是一段愛心與行動交織的故事，她以無私的奉獻改變了無數偏遠地區的未來。她堅信，「愛心的力量不僅帶來物質支持，更能燃起孩子對未來的希望」。從改善學習資源到推動教育發展，她的努力不僅解決孩子們的需求，也讓偏鄉教育煥然一新。

　　吳思瑩相信，每一份付出都能帶來深遠的改變。她用行動號召更多人參與公益，將愛心傳遞到最需要的地方。無論是文具捐贈，還是教育計畫的推行，無不展現她對偏鄉孩子的真誠關懷。

　　她常說：「一點努力，能為孩子帶來改變的契機，甚至影響整個家庭與社區。」在她的帶動下，更多人加入愛心接力，為偏鄉孩子鋪設通往未來的道路。她相信，這些努力終將成為照亮孩子人生的光芒，書寫更美好的篇章。

社會法人德內兒國際兒童助學會

📞 04-23767919

✉ dener.org@gmail.com

📍 臺中市西區三民路一段 29-2 號

官網

FACEBOOK

保進文教：江董事長的教育奇蹟與初心

保進文教機構
董事長 / 創辦人 江宗穎

　　現代社會下，雙薪家庭成為普遍現象，如何平衡工作與育兒成了許多父母的難題。而在這樣的需求下，教育逐漸變得商品化，孩子的成長往往被數字和利潤掩蓋。然而，有一位教育家兼企業家，選擇逆流而上，從父愛出發，將教育視為一生的使命。他，就是保進文教的創辦人──江宗穎。

以分享為初心
讓教育成為助人自助的橋樑

父親的愛 成就一個理想中的幼教天地

　　江董事長踏入幼教產業的契機，源自於一次為女兒尋找幼稚園的經歷。他回憶道，當時他四處尋覓，卻找不到一所真正讓他放心的學校。幼稚園不是環境太過普通，就是過於商業化，根本無法滿足他對女兒成長的期盼。「找不到適合的學校，那就自己創一間吧。」江董事長說，這句話雖然簡單，背後卻是他身為父親深沉的愛與責任。

　　「教育不能只是形式，不能只是生意，它應該是孩子一生的起點，是一份承擔未來的責任。」江董事長由此決心，創辦一間與眾不同的幼兒園。

然而，創業之初的挑戰並不小。他回憶道，第一期招生時，全校只有三名學生，其中一名還是他自己的女兒。他笑著說：「當時幾乎沒有人看好，連親朋好友都說我瘋了。」但他並不氣餒，為了打造優質的學習環境，他請來外籍老師，安排專業的教學課程，還特別聘請了廚師，為孩子準備營養均衡的餐點。

「三個孩子也要用心教，因為這是教育該有的態度。」他說道。隨著他真誠的努力與口碑逐漸傳開，第二個月，學生增加到 12 人；到了第三個月，校舍已經不夠用了，學生數量攀升至 45 人，讓他不得不加蓋教室空間。短短一年內，學校就迎來了 180 位學生。

「一開始並不容易，但只要堅持做好每一件小事，就會有人看見。」江董事長的這份堅持，奠定了保進文教的基礎，也開啟了他對幼兒教育更深的承諾。

天災無情　讓他找到重生的力量

然而，命運總愛在人得志時賦予考驗。1999年的九二一大地震，摧毀了江董事長用心經營的補習班和幼兒園。那一天，他站在損壞的校舍前，心如刀割，但很快地，他做出一個決定：拆除危樓，重建校園。

在那段日子裡，幼兒園的空間成了災民的避難所。他親手搬運物資，安撫鄉親，自己卻承受著千萬重建債務的壓力。朋友勸他放棄，家人擔心他的健康，但他說：「這不只是我的事業，這是很多家庭的希望。」

他選擇了堅持。他賣掉部分資產，向外地拓展事業，重建校園的同時，也重建了自己的信心。「那場災難教會我，面對困難，放下負擔，才能重新找到自己的路。」這段磨難，讓江董事長的教育事業更具意義，也讓他明白，教育不僅是校園的事，更是一種對社會的承諾。

改變幼教產業 把老師當家人 把教育當使命

在幼教產業中，如何留住人才一直是最大的挑戰。老師們薪水不高，壓力卻很大，許多人做不久便選擇離開，孩子的教育品質自然受到影響。

江董事長卻有不同的做法。他把老師和員工當成「家人」，設立福利制度、獎金獎勵，讓每位員工都能分享到事業成長的果實。2024 年，他在公司尾牙上，為服務滿 20 年的員工頒發了紀念金幣；2025 年，將嘉獎年資 25 年的夥伴。「老師留得住，教育才穩得住。這不僅是尊重專業，更是為孩子的未來負責。」

從員工的笑容到孩子們天真的笑聲，江董事長用他的誠意改變了這個行業的現狀。他相信，教育是心與心的連結，只有真心對待老師，老師才能真心對待每一個孩子。

教育平權 讓每個孩子都能享受「不平凡」的教育

在江董事長的眼中,教育應該是所有孩子的權利,而不該成為富裕家庭的專屬。他堅持提供平價學費,卻引入了高品質的教育課程:全美語教學、小提琴、品德教育等,以往只有富裕家庭才能享受的學習資源,現在一般家庭也能輕鬆接觸。

「孩子學的不只是知識,還要學會如何做人。」江董事長特別強調品德教育的重要性。他的教育理念是:「愛、尊重、關懷、分享」,這不是一句口號,而是學校每天實踐的核心精神。

面向未來 幼教是臺灣競爭力的基石

臺灣正面臨人口高齡化與勞動力不足的困境,根據國發會統計,我國已正式邁入負成長時代。在 2070 年時,我國將僅剩 1497 萬人。江董事長認為,解決這個問題的關鍵在於「只要孩子能在安心的環境中成長,就能讓父母能無後顧之憂地工作,」

保進文教的存在,正是一個解答。他們提供的不僅是托育服務,更是一份對家庭、對社會的責任。江董事長用行動為雙薪家庭解決了最大的難題,也為孩子們的未來鋪設了一條通往希望的道路。

「教育是一生的事業，它關乎我們的未來。」江董事長堅定地說。他的故事，是一個父親的自我反思，也是企業家的責任擔當，更是對這片土地的深深承諾。

透過保進文教，我們看到教育的力量，看見了無數家庭的希望，也看到了臺灣未來的新可能。

保進文教機構

📞 05-5348856

🔗 http://www.bowjinn.com.tw

📍 雲林縣斗六市中華路 668 號

官網

五十年的好味道
純粹的心製作麵條

鴻仁製麵食品股份有限公司
創辦人 蔡鴻德

　　麵食，是一種文化，有著說不盡的故事，道不明的人生眞諦，儘管科技不斷創新，但記憶中對美味堅持的那份初衷，卻不會隨時間的流逝而沖淡。

　　臺灣製麵產業流傳已久，擁有豐富多元的飲食文化底蘊，普遍認同麵食為人民第二主食。「以品質為優先，發誓要讓消費者吃到最好最健康的麵！」這是鴻仁製麵股份有限公司（以下簡稱鴻仁製麵）蔡鴻德執行長不可被撼動的精神，與全家合作逾三十年的鴻仁製麵，以產品安全、提升品質和顧客滿意為主要宗旨，絕不使用防腐劑，要求使用的原物料全部持有證明、規格書及衛生署字號、有效期限等，訂立 SOP 作業標準和教育訓練，稍有任何異狀即刻追蹤、處理和改善。用心認眞負責，貫徹品牌理念，是他們一步一腳印，對產品的堅持。

品質為優先 發誓要讓消費者吃到最好最健康的麵！

無畏惡劣環境與挫折 大膽挑戰傳統臺灣市場

　　蔡鴻德投入製麵產業已五十多年，從早年做學徒開始，歷經無數艱辛，始終堅持品質。他在父母早逝的情況下，年少便得獨立謀生，早期曾嘗試過多種工作，從鐵窗工到餐飲業務，最後才決定專注於製麵業。在臺北跟隨師傅學習麵食製作，並逐漸對此行業建立深厚的熱情與技術掌握。

　　然而，蔡鴻德並未因為成功掌握技術而止步不前。五十年來，他始終秉持初心，不僅親赴日本研習製麵工藝，更積極改良傳統臺灣製麵方式。他在日本觀察到當地麵食製作全程

不添加防腐劑,啟發了他將此理念引入臺灣市場。為此,他特地從國外引入高級製麵設備,準備在家鄉推行無添加健康麵食的理念。然而,當時的市場並不認可不添加防腐劑的麵條,麵條在保存過程中容易發酵,無法長時間擺放,導致銷售困難。儘管面臨市場不接受的挑戰,他仍不願放棄初心,但資金不足的困境迫使他最終在臺北的店面關閉,事業一度陷入停滯。

一句「流浪命」南下高雄不放棄 出現意外轉捩點

一次在雙連圓環,算命師的一句「流浪命」深深觸動了蔡鴻德,他決定帶著妻兒南下高雄重新打拼。南漂過程並不輕鬆,

創業初期租下了鼓山第一市場的店面，沒想到卻是一間凶宅。面對昂貴的租金及無法退還的押金，蔡鴻德選擇堅持下去。他將租金與押金視為背水一戰的象徵，決心在這片土地上打出一番事業。意料之外的是，某夜一場火災燒毀了市場裡的其他三家麵店，客人無處購買麵食，於是轉向蔡鴻德購買。這場意外的火災成為了他事業的轉捩點，生意自此逐步好轉。

以品質贏得全家合作 開啟穩健發展之路

蔡鴻德在高雄穩定經營後，決心將產品拓展至更大市場，並期望與全家便利商店建立合作。他特意從高雄前往臺北拜訪全家總公司，希望能成為全家麵食的專屬供應商。當時，全家主管對於

蔡鴻德跨越地區的合作意圖頗感質疑，認為跨區運輸成本高於臺北當地廠商。然而，蔡鴻德堅定表示：「我是用品質來跟你比的，不是用價格！」最終，全家被他的決心和產品品質所打動，雙方開始了長達三十多年的合作。

　　蔡鴻德的成功並非一帆風順。之後因誤信他人而遭遇詐騙，公司兩度面臨經營危機，甚至瀕臨破產倒閉。此時，全家的一位副總在蔡鴻德最需要的時刻主動伸出援手，提供了 150 萬的預付貨款，幫助他渡過難關。蔡鴻德回憶這段經歷，感嘆道：「信用真的很重要，一合十年，我們從不改價、準時出貨的服務、24 小時的客服，人家也是因為這樣才願意幫我。」正是這份不改初衷、堅守信譽的態度，讓蔡鴻德在面臨挑戰時屢屢獲得支持。

經年累月的精進與研發 淬鍊出卓越創新與高品質

　　與全家合作後,鴻仁製麵開始進行大量生產,廠房設備的規模和標準亦需不斷提升,以符合食品安全和品質需求。每樣產品皆遵循 ISO 22000 和 HACCP 標準,建立了嚴密的品質控管系統,從原材料到出廠,每一階段都進行嚴格的稽核與檢驗,以保障食品安全。蔡鴻德始終堅信,食品的健康與安全是消費者的基本需求,未來的產品更是針對忙碌的現代人設計,使其便於食用而不失健康美味。

目前，鴻仁製麵已成為年營業額上億的生鮮麵食製造廠，擁有自動化生產與包裝流程。他們提供「快速」、「方便」、「美味」、「健康」的包裝麵食，能夠滿足消費者對於餐廳口味的需求，只需簡單加熱或簡單料理即可享用。這種提升國內製麵技術的創新，不僅提高了產品品質，更將臺灣麵食推向國際水平。

沒有失敗何來成功　腳踏實地最重要

　　蔡鴻德創辦鴻仁製麵，歷經數次大起大落，但他始終秉持腳踏實地、務實面對挑戰的心態。蔡鴻德以人生三度歸零為座右銘，笑談說：「有一就有二，無三不成禮，遇到困難不

要灰心，要堅持下去才能成功，沒有失敗，就沒有成功這名詞。」多年來，他未曾因困難而放棄，一直堅守本心，以消費者的健康為優先，追求「天然無添加」的製麵標準。他認為：「我們現在的健康，就是小孩子以後的幸福。」鴻仁製麵從製作、包裝到配送，層層把關，立志以無添加、天然健康的麵食打動消費者，並承諾「讓消費者吃得安心、安全，同時兼顧美味」，這正是他多年來持續努力的方向。

蔡鴻德以身作則，展現了不懈追求品質與創新的精神。在未來，他希望鴻仁製麵能夠持續研發更多符合消費者需求的產品，以健康為基石，繼續朝著「快速」、「方便」、「美味」、「健康」的方向發展，為國內外的消費者提供安心的選擇，將臺灣製麵技術推向國際市場，讓鴻仁製麵成為傳承與創新的代表品牌。

鴻仁製麵食品股份有限公司

📞 07-6165025

✉ hong.ren@msa.hinet.net

📍 高雄市燕巢區安林路 1 號

官網　　FACEBOOK

活到老 活更好
互助讓生命更美好

走過一甲子工科教育歲月
榮創滿庭芳桃李豐華成果

臺中市私立大豐汽車駕駛人訓練班
創辦人 黃靖雄

　　在臺灣開車風氣正蓬勃發展時期，黃靖雄憑著個人專業，協助開辦駕訓班、成立中華民國汽車工程學會、擔任中華民國技能競賽汽車修護職類的裁判長及國際裁判，推動彰化師範大學工業教育學系成立車輛組，在南開技術學院機械工程系成立車輛組。一甲子歲月，培育數百位在企業、學界擁有非凡成就的莘莘學子。一輩子與車輛脫離不了關係的他，儘管年至杖朝之歲，仍勉勵青年不停止學習，因為當機會來臨，勤勉將會是離成功最短的捷徑。

棄名校光環 恩師引領 和汽車結下不解之緣

　　童年時期在臺中潭子鄉下農家長大，初中畢業後能直升臺中一中高中部，黃靖雄考量家境狀況，決定放棄第一志願，又受當時親戚的影響，最後選擇臺中高工汽修科就讀，希冀能擁有一技之長提早就業，改善家中經濟狀況。

　　在民國四、五〇年代，臺灣社會因接受美國援助，臺中高工為接受美援學校，校園內的教學設備、器材等硬體設備皆是領先全國，教師王鳳鳴先生也派到夏威夷受訓。黃靖雄在王鳳鳴老師指導下學習最新汽車修護技術與學術有成，畢業前由校長

陳為忠先生推薦到美國駐華安全分屬汽車廠擔任技工，畢業後考取臺灣省經濟建設人員特種考試分派到臺北市公共汽車管理處工作；51年恰逢臺北工專機械科汽車組第一屆招生，於是辭職進入臺北工專求學，54年服完兵役退伍即回到臺中高工汽修科擔任教職。孜孜不倦的黃靖雄61年繼續在臺灣教育學院（彰化師範大學的前身）職業教育學系半工半讀進修取得學士學位。

憶起一路走來提拔他的師長，黃靖雄對恩師的姓名仍印象深刻：小學遇到的王清軒老師，成立學校外的林間教室，免費替學生補習，加強國數學科與英語，在當時國際化尚未開展的年代，便奠定極佳的外語學習基礎，更幫助黃靖雄在之後的汽車產業逐漸接軌國際的學習路上，更加如魚得水。

黃靖雄 70 年進入臺灣教育學院服務，71~73 年利用三年的暑假，取得美國東北密蘇里州立大學的碩士學位，76 年得到政府的全額獎學金，保送到日本廣島大學內燃機關研究室，在廣安博之教授門下學習柴油引擎排放黑煙控制技術一年。圍繞汽車多方位專業的職涯經歷，讓黃靖雄步步累積豐碩的成果。

交通轉型 務實勤做 特優肯定的駕訓課程

民國 58 年黃靖雄擔任臺中高工汽車科主任，當時政府正在辦理三輪車業的轉型計畫，因此順水推舟，在臺中高工建立汽車駕駛訓練場，辦理三輪車伕轉業訓練及一般汽車駕駛員培訓業務。

民國 65 年黃靖雄熟識的朋友：文林補習班的劉耀宗董事長看準駕訓班的市場潛力，於是在大肚山上買下三甲大的土地，並藉由黃靖雄對於汽車駕駛訓練的專業經驗規劃東海汽車駕駛人訓練班，辦理小型車、大貨車、大客車及聯結車的訓練。後

來聯鑫、中港駕訓班，也紛紛來找黃靖雄協助規劃汽車駕訓場。

民國 67 年，黃靖雄與友人及二哥（黃木川）決定合夥在臺中縣潭子鄉老家土地開設大豐駕訓班（舊址），當時業務由教育部主管。不久政府下令，將汽車駕駛人訓練班業務從教育部轉移至交通部管轄，並增訂每年的外部人員訪查評鑑。務實勤懇、競競業業的黃靖雄，屢次在評鑑中獲得特優級肯定；更於民國 79 年，大豐駕訓班首次辦理全國大型觀摩講座。一切看來平步青雲，但黃靖雄思慮周遠，如何將大豐駕訓場更永續經營下去呢？

打入年輕市場 開辦新駕訓場 不忘傳遞安全觀念

民國 90 年初，潭子招生漸感困難，黃靖雄為了追求更穩定的駕訓事業發展，便與兒子看準學開車的民眾，多半是滿十八

歲、滿心想學開車、需要專業駕駛人訓練課程的大專生族群。於是在民國96年初，他們選擇靠近亞洲大學、朝陽科技大學附近的霧峰區，作為大豐汽車駕訓班的新轉移地點。

　　95年潭子結束營業，為了順利在新地建造合宜駕訓場，黃靖雄不顧潭子舊地還沒賣出，土地資產還未收回，便大膽借款八千萬。因為他堅持，新駕訓班的場地、房屋建築、設備都需配置最佳等級的物件，只為更永續經營，讓這家駕訓場能帶給進來學開車的客戶們最安心、好品質的服務。97年2月21日霧峰新址正式對外營業，兒子黃朝亮擔任班主任，媳婦顏素卿擔任副主任負責業務經營完成二代接班。

尤其黃靖雄提及，臺灣的 A1 事故（人員當場或 24 小時內死亡的車禍事故）在國際評比上特別低，因此黃靖雄不忘對駕訓場內的教練們叮囑與要求，駕駛人訓練是避免事故發生的第一線基礎防護工作，順利考取駕照是目標，但如何成為安全駕駛人，更是每次開車上路，不可輕忽的觀念傳承。

收穫來自耕耘 在機會來時展現最好的自己

黃靖雄於彰化師大、南開科大擔任教授期間，常受聘擔任許多政府委員會的諮詢顧問或評審委員、全國汽車技能競賽的裁判長及國際裁判。由於他在汽車排氣污染控制技術的專業，在學界、環保與交通產業界擁有不凡貢獻，出版書《汽車原理》、《現代汽車底盤》、《現代汽車引擎》、《現代汽車電系》、

《現代低污染省油汽車的排放管制與控制技術》、《現代汽車新科技裝置》、⋯等仍是汽車科學生的必備教科書。回首過往，黃靖雄對來時路仍歷歷在目，除了感念師恩，他也感激體貼的妻子與相伴的家人，因為兒時生長環境辛苦，他更加珍惜現有的一切。雖然每個人的起始條件不一，但勿過度好高騖遠，日日精進、把握任何學習機會，才能在機會真實來臨時展現最佳狀態。

最後，他透過汽車界前輩孫立德先生的座右銘「敬、淨、靜、進、勁」，期勉自己與後輩朋友：恭敬待人、淨愛身心、平靜思考、力求進步、凡事以十足幹勁面對，不作則已，要做，就做最好！

臺中市私立大豐汽車駕駛人訓練班

📞 04-23392399

📍 臺中市霧峰區草湖路 185 號

🔗 https://www.dfds.com.tw

官網　　　LINE　　　FACEBOOK

誠信為基、堅韌為本
用每一次嘗試與成長 成就不凡的未來

二代接手 開啟車鑑價新紀元
堅持誠信 奠定車市專業權威

鑑價師雜誌社

社長 黃聖翔

　　進行二手車買賣，應如何評估車子價值？事故發生，車受損求償，應如何尋求公正第三方？被視為重要度僅次房屋的動產──車輛，在進行買賣交易時，若不想被剝削，格外需要一位專業且具公信力的第三方鑑價者。《鑑價師雜誌》提供的服務，便是這樣的車價數據。然而隨著書面形式的載體步入夕陽市場，如何讓擁有超過二十年專業鑑價資料庫的《鑑價師雜誌》再創高峰？

雜誌翻新 讓鑑價服務更具競爭力

　　《鑑價師雜誌》創立於 1998 年，累積了超過二十年的二手車鑑價資料，廣泛用於銀行貸款、當鋪放款及政府資產評估等場合，是臺灣鑑價領域的重要工具書。雖然資訊時代使得紙本媒體推廣困難，但接手人黃聖翔憑藉多年二手車買賣經驗，為雜誌注入創新思維，探索數位化轉型的可能性。

　　黃聖翔認為，雜誌數位化是不可或缺的未來方向，能為讀者提供更即時、精準的車輛資訊。除了提供數據，他還希望雜誌內容能以更友善的方式呈現給讀者。為此，他對雜誌進行了全面改版，包括重新設計更清晰的目錄、更年輕化的 LOGO 與

封面設計，以吸引不同年齡層的消費者。這些改變，不僅讓雜誌更具現代感，也提升了閱讀體驗。

此外，黃聖翔特別新增「事故鑑價」服務，針對車禍事故當事人提供公平且具依據的損害評估，協助他們在賠償與求償過程中找到合理解決方案。他指出：「我們不只是提供數據，更是在為消費者的合法權益保駕護航。」這項創新服務的推出，受到廣泛好評，不僅幫助了許多車主，也進一步鞏固了雜誌的市場地位。

黃聖翔相信，《鑑價師雜誌》應該成為讀者面對汽車相關問題時的首選參考工具。他表示：「我們的目標是讓每一位讀者都能從雜誌中找到實用且可信的資訊，這才是我們存在的價值所在。」

鑑價專業 在於服務客戶至上的誠信

　　全臺的二手車鑑價品牌，主要有三家。黃聖翔社長謙虛的說，《鑑價師雜誌》所提供的內容，與另兩家鑑價品牌實是大同小異。但他們秉持鑑價的專業與服務熱忱，在《鑑價師雜誌》二代版，可以發現絲毫沒有任何廣告的影子。因為他們認為，廣告的存在很可能使得雜誌內容變調；保持專業，就是讓版面清楚專注在鑑價內容上。

　　同時擔任『頂好汽車』頂級二手車買賣經營者的黃聖翔，在接手《鑑價師雜誌》前，事實上已擁有多年的二手車買賣經驗。在進行二手車買賣時，消費者最關注的問題，不外乎這幾點：二手車的里程數可信嗎？車齡年輕為何需要拍賣？車身是否遭

受過嚴重撞擊等等。這些提問，回歸到誠信的根基，為了讓客戶信服，黃聖翔特別將『頂好汽車』的營運稅務透明化，再者，他導入類似房屋買賣的履約系統，如此，金錢流動，全交由第三方處理，方能讓二手車買主在交易過程中擁有安全感。

放手嘗試 化失敗為進取動力

憶起投身二手車買賣的第一年，還是菜鳥的黃聖翔，因穿著隨性、個性急躁，首位接待的客戶，在簽約、付訂金時，手竟顫抖得停不下來。見此尷尬場面，黃聖翔趕緊請來第一代經營者，也就是他的父親前來協助，父親一出手，才明白薑是老得辣，買賣溝通、解說如何說得到位，讓買方心安，也是黃聖翔第一次見識到，二手車買賣的專業，並非一夕練成。爾後，他

更努力鑽研，在交易失敗的經驗裡，積極「復盤」，主動致電交易未談成功的客戶，詢問洽談過程中有何缺失與待改善之處。

黃聖翔也大方分享，在車市買賣上，「快、狠、準」的判斷力、短時間內迅速決策的壓力，是他在二手車買賣經營的第三年，累積出的功夫。當一台二手跑車映入眼前，採購必須在五分鐘內做出判斷：車況如何（是否被撞？）、行情如何（什麼價格賣家願意接受？），最終做出決定，喊出合理的競價。

論賣車與買車，黃聖翔直言都不是容易的事，若採購到不錯的二手車，站在銷售方來說，需要擁有豐沛的話術實力，才能

把二手車敘述得富有故事性，而這些無人知曉的辛苦之處，皆成為他在二手車市買賣中難能可貴的經驗值。

鬆弛的力量！從冥想到感恩

如隨著事業版圖的不斷擴展，黃聖翔對於工作與生活的平衡有了更深刻的理解。他坦言，過去的自己常常全力以赴，卻忽略了適當的休息。近兩年，他開始養成每日冥想的習慣，用以釋放壓力、理清思緒。他表示：「冥想讓我能更清晰地看待問題，也讓工作效率事半功倍。」

冥想不僅改善了他的工作狀態，也讓他更能從容面對生活中的挑戰。他認為，成功不能單靠埋頭苦幹，適當的放鬆與

休息同樣重要。「只有在身心平衡的狀態下，才能真正實現長期穩定的成長。」

除了冥想，他對家庭的支持也心存感激。他特別提到父母對他的信任與放手，以及妻子對家庭的無私付出，讓他得以全身心投入事業。他說：「成功的背後，離不開家人的支持。」這份感恩之情成為他不斷前行的動力。

展望未來，黃聖翔希望能進一步推動《鑑價師雜誌》的數位化發展，結合更多大數據技術，為讀者提供更精準的資訊支持。他強調：「不斷學習、勇於創新，是在這個快速變化的時代裡保持競爭力的關鍵。」他期待，通過不懈努力，為讀者與客戶創造更多價值。

鑑價師雜誌社

📞 03-3691042 / 0986-992-581

✉ pricepro.co@gmail.com

📍 桃園市桃園區國際路二段 602 號

官網

FACEBOOK

用細節構築夢想
開創婚禮場景的藝術新篇章

iLOVE 愛樂芙創意佈置
創辦人 侯逯陞

　　侯逯陞，iLOVE 愛樂芙創意佈置的創辦人，以其獨特的設計眼光和不懈的創業精神，成功將公司從小型婚禮布置工作室發展爲全方位場地設計品牌。他擁有深厚的家族裝潢背景，將傳統技術與現代美學結合，開創出一條屬於自己的創新之路。侯逯陞深知細節是成功的關鍵，無論是婚禮場景還是企業活動，他始終堅持用心設計，爲每一位客戶打造專屬的難忘回憶。

用創意點綴人生每個重要時刻
讓每一場設計都成為永恆的美好記憶

從婚禮布置起家 愛樂芙的創業初衷

　　愛樂芙的創業故事源於一次意外的啟發。創辦人侯逯陞在為妹妹策劃婚禮的過程中，首次接觸到婚禮場地布置這個領域，並深刻感受到婚禮布置不僅僅是場地的美化，而是將新人對婚姻的期盼與夢想具體化，通過設計呈現出來。這不僅是美學的挑戰，更是情感的傳遞。於是，愛樂芙誕生了，並以提供高品質、個性化的婚禮布置服務為宗旨，致力於將每一場婚禮打造成新人最美好的回憶。

愛樂芙的創業初期並不容易。資源有限，侯逯陞和他的妻子必須親力親為，參與到每一場婚禮的設計與布置中。從氣球的擺放到花藝的選擇，他們親自把關每一個細節。這種對細節的精益求精，和對美學的無限追求，使愛樂芙的每一場婚禮都充滿了獨特的情感與美感。侯逯陞回憶道：「我們不只是設計場地，而是在幫助新人實現他們的夢想婚禮。」這種全心投入的態度，為愛樂芙迅速贏得了客戶的信賴。

　　隨著口碑的傳播，愛樂芙從最初的小規模業務逐步擴展，成為婚禮布置行業的佼佼者。侯逯陞認為，這樣的成功源自於對每位客戶需求的深入理解，與對細節的嚴格把控。

從家族裝潢事業到婚禮產業的轉型

　　侯逯陞出身於一個裝潢設計世家，從小浸潤於空間設計與視覺美學之中，這為他奠定了深厚的空間布置基礎。雖然他最初學習的是機械設計，但這並未阻礙他在美學與設計領域的探索。他利用自己家族的裝潢背景，將傳統的設計技術與現代婚禮美學結合，為婚禮布置創造出既實用又富有藝術感的場景。

　　婚禮布置不同於傳統裝潢，它更側重於情感的表達與氛圍的營造，而不僅僅是功能性的設計。這對侯逯陞來說是一個全新

的挑戰，也激發了他的創意潛能。愛樂芙強調通過視覺設計傳遞新人之間的情感和故事，通過色彩、燈光與花藝的巧妙結合，讓每場婚禮都擁有專屬的個性與情感。

隨著公司的成長，侯逯陞發現，越來越多的新人渴望將個性與故事融入婚禮中，從而對婚禮布置提出了更多創新的需求。愛樂芙順應市場趨勢，開始為每場婚禮融入更多創新的設計理念，根據新人的獨特故事量身定制婚禮布置。

多元服務的擴展 超越婚禮布置

隨著市場需求的多樣化，愛樂芙開始拓展業務範圍，不僅專注於婚禮布置，還進軍求婚策劃、生日派對以及企業活動等領

域，成為全方位的場地布置設計品牌。其中，求婚策劃是愛樂芙業務擴展中的重要一環。隨著越來越多的年輕人重視求婚儀式，愛樂芙通過場景設計、燈光布置和花藝搭配，打造出浪漫且難忘的求婚場景。這些設計不僅視覺上美麗，更是情感上的深刻表達。侯逯陞說：「我們希望每對情侶在我們設計的場景中，都能感受到那份獨特的浪漫與幸福。」此外，愛樂芙還成功進軍企業活動設計領域，無論是公司年會、產品發布會還是商業展示，愛樂芙都能提供創新且高效的場地布置方案。他們憑藉在婚禮布置中的豐富經驗，靈活應對企業活動對設計的高要求，為客戶創造了無數成功的商業場景。疫情期間，婚禮市場大受

打擊，許多婚禮被迫取消或延期。然而，愛樂芙迅速調整策略，將業務重心轉向小型私人活動和企業活動，憑藉這一靈活應變策略，他們成功度過了困境，並在疫情期間保持了穩定的業務增長。

挑戰中的成長與未來展望

創業之路從不平坦，愛樂芙也不例外。在公司發展初期，曾經遇到過員工大量流失的困境，幾乎所有員工在短時間內相繼離職，這對處於上升期的愛樂芙來說是一次巨大的挑戰。侯逯陞和他的妻子決定堅持下來，親自承擔起公司所有運營

工作，從設計到與客戶的溝通，再到現場布置，兩人全身心投入，最終走過了這場危機。這段經歷讓侯逯陞深刻體會到團隊的重要性。隨後，愛樂芙加強了員工培訓和團隊建設，努力為每一位員工提供良好的工作環境，讓他們在工作中找到成就感與歸屬感。如今，愛樂芙擁有一支專業且穩定的團隊，為未來的業務發展提供了堅實的基礎。展望未來，侯逯陞計畫進一步擴展業務範圍，不僅專注於婚禮和求婚場景的布置，還將探索更多創意設計領域。他們相信，隨著客戶需求的多樣化與個性化，愛樂芙將能夠不斷創新，為更多客戶提供量身定制的場地布置服務。「每一場活動都是一個故事，而我們的工作就是幫助客戶將這些故事變得更加精彩和難忘。」侯逯陞自信地表示。隨著市場的不斷變化與擴展，愛樂芙將繼續秉持創新與專業，為客戶帶來獨一無二的活動布置體驗。

iLOVE 愛樂芙創意佈置

📞 03-3582020

📍 桃園市桃園區新埔七街 168 巷 15 號

官網　　INSTAGRAM　　FACEBOOK

用熱忱擁抱挑戰
以創意締造未來的可能

創意爲核 匠心爲本
解讀品牌行銷的新章節

締揚有限公司

董事長 涂珮縈

　　涂珮縈，以卓越的洞察力與非凡的領導力，帶領締揚有限公司不斷突破傳統行銷的框架，成功躍升爲品牌整合行銷的翹楚。從起步階段的謹慎布局，到如今在國際市場上的縱橫馳騁，涂珮縈用她的智慧與熱情，爲每一個挑戰注入無限可能。她的故事，不僅是商業成功的寫照，更是一段啟發創業者與行銷領袖的非凡旅程。

從零到一 締造品牌整合的全新高度

涂珮熒創立的締揚有限公司，是一家專注於品牌整合與市場行銷的公司。她以敏銳的市場嗅覺和果斷的行動力，在數位行銷的浪潮中抓住了企業對品牌規劃與行銷策略的需求。創業之初，她便肩負多重角色，從專案管理到業務推動，無不親力親為。對於市場環境的快速變化，她總能精準把握機遇，提出解決方案。締揚有限公司的成立，源於她對於市場痛點的洞察：企業需要的不僅僅是單一的行銷工具，而是一套整合性的策略，能夠解決不同階段的需求。因此，締揚以「不僅做網站，更要打造品牌」為核心理念，逐漸將業務範疇拓展至平面設計、社群經營與全方位行銷策略規劃。

在創業初期，涂珮榮和她的團隊面臨資源有限的挑戰，但她堅信專注於細節的力量。她回憶道：「創業初期，我們不只是幫客戶設計場景，而是在幫助他們實現品牌夢想。」無論是網站架構的設計，還是平面廣告的創意，她都親自參與，確保每個細節都與品牌精神契合。這種全情投入的態度，使締揚迅速在市場上贏得了良好的口碑，並逐步擴展成為一家具影響力的行銷整合企業。

以人爲本　打造專業團隊的核心價值

　　涂珮榮深知，一個成功的品牌背後，需要有一個穩定、高效的團隊支持。締揚的核心競爭力正是其內部團隊與資源的高度整合能力。她一手打造的團隊，既專業又多元，涵蓋設計師、行銷專家與技術人員，能從不同角度為客戶提供最佳解決方案。對內，她以開放的心態鼓勵員工犯錯，並從中快速學習與成長；對外，她致力於與客戶建立長期且深厚的

合作關係，深入了解客戶需求，並提出量身訂製的策略方案。她的管理哲學是：「行銷不僅是對外的宣傳，更是一種文化與精神的內化傳遞。」

在與客戶的合作中，涂珮榮常常化身為「外部行銷部門」，協助客戶梳理內部的組織結構，並提供全套的品牌與行銷解決方案。她強調，成功的行銷需要內外兼修，既要讓消費者看見品牌的價值，也要讓內部員工深刻理解企業的使命與願景。締揚透過這種雙向的策略協助，為多家企業成功降低了溝通成本，並有效提升了市場回應效率。

引領數位浪潮 行銷創新的時代典範

隨著數位技術的迅猛發展，涂珮熒帶領締揚不斷探索新興科技領域，從傳統行銷模式進化到智能化行銷服務。她利用自身的資訊科技背景，為客戶引入人工智慧（AI）客服系統，幫助企業解決人力資源不足的挑戰。她認為，AI將成為未來企業運營的核心動力，通過技術創新，締揚能夠幫助企業實現數位化轉型，提升整體營運效率。同時，她還帶領公司成功拓展至餐飲、電商與心理健康等多元產業，證明了行銷策略的跨領域應用價值。

特別是在疫情期間，許多傳統行業面臨銷售渠道中斷與客戶流失的困境。涂珮熒迅速調整公司策略，將重心轉向企業活動

的線上化運營，並利用數據分析為客戶制定精準的行銷方案。在她的帶領下，締揚不僅幫助客戶穩住市場份額，還成功抓住了線上市場的新機遇，實現了穩定增長。她表示：「行銷的本質是理解人性，只要牢牢抓住這一點，無論時代如何變遷，我們都能找到自己的價值定位。」

跨越地域界限 邁向國際市場的宏圖遠景

涂珮熒以「締結緣分，揚名品牌」為企業理念，不僅希望為客戶打造出色的品牌形象，更希望締揚能成為企業與市場間的重要橋樑。展望未來，她計畫將締揚的業務版圖拓展至國際市場，藉此為全球客戶提供量身訂製的行銷顧問整合式服務。她認為，隨著全球化與數位化的進程加速，品牌的文化內涵將成為區隔市場的重要武器，而締揚的任務便是幫助客戶將文化優勢轉化為市場價值。

此外，涂珮榮也著眼於未來科技的融合應用，致力於整合更多智能化行銷工具，期待為客戶帶來更全方位的服務。她的目標不僅是讓締揚成為一家頂尖的行銷公司，更是成為一個持續創新、為客戶帶來更多正向影響的事業神隊友！

　　涂珮榮的創業故事，展現了一位企業家從無到有的成長歷程，也啟發了無數年輕人勇於追求夢想。但更加可貴的是她

始終不忘扶養自己長大的奶奶，她說奶奶曾耳提面命，因為自己是隔代教養出來的孩子，所以要讓所有人知道，奶奶帶大的孩子也能很優秀！成為奶奶的驕傲，始終是她前進的動力。

締揚有限公司的成功，不僅是涂珮榮個人努力的結果，更是她對品牌價值與市場需求深刻理解的體現。在未來，相信她將帶領締揚繼續突破界限，為更多企業和消費者創造價值。

締揚有限公司

📞 0931-238-999

📍 桃園市桃園區國際路二段 602 號

🔗 http://dyang.tw

| 官網 | INSTAGRAM | FACEBOOK |

引領未來的能源解決方案
自然能量轉換技術的崛起

臺灣能源與環境發展協會
創辦人 / 講座教授 翁國亮

　　翁國亮講座教授憑藉深厚的技術基礎，以地球復原為使命，還有對能源轉換技術的熱情，從冷凍空調專業一路走到能源與環境科技的前沿。他致力於自然能量轉換技術的研究與應用，並在國內外推動該技術的商業化與普及，積極應對全球氣候變遷與能源挑戰。他的研究不僅為技術界帶來突破，提供全球淨零排放解方，也為全球的永續發展提供了重要助力，成為國際間能源技術合作的橋樑。

以智慧驅動技術　用熱情推動未來
為全球能源創造永續新局

翁國亮的成長之路 從技術學徒到冷凍空調專家

　　翁國亮講座教授的技術旅程始於臺中高工的電器修護科,這是一個讓他對技術產生極大熱情的起點。在學徒時期,他不僅學習了技術基礎,還參與了大量實際操作,這些經驗讓他在技術應用上有了更深刻的理解。他畢業後進入臺北工專電機科冷凍組繼續學習,這段進修不僅讓他掌握了冷凍技術的專業知識,還讓他意識到冷凍空調系統在提升能源效率方面的巨大潛力。

　　隨著技術水平的提升,翁國亮對能源轉換技術的興趣也越來越濃厚。他選擇在臺北科技大學攻讀碩士與博士學位,專注於

自然能量轉換技術的研究，這項技術可以利用自然資源（如太陽能、風能）進行高效的能源轉換，減少對傳統能源轉換的依賴。這些學術研究促使他進一步探索如何將技術成果應用於實際中，並將自然能量轉換技術與環保復原地球理念相結合，為未來的綠色技術發展奠定了永續發展基礎。

開創能源與環境科技 從學術研究到技術應用

翁國亮教授在國立勤益科技大學擔任講座教授期間，不僅致力於技術教學，還創立了能源與環境科技中心。該中心是專門研究和推廣自然能量轉換技術的機構，自然能量轉換技術可以利用可再生資源來達到高效能量轉換。這一技術的目標不僅在於提高能源效率，還在於減少對化石能源的依賴，從而減少碳排放，為環境帶來積極影響。

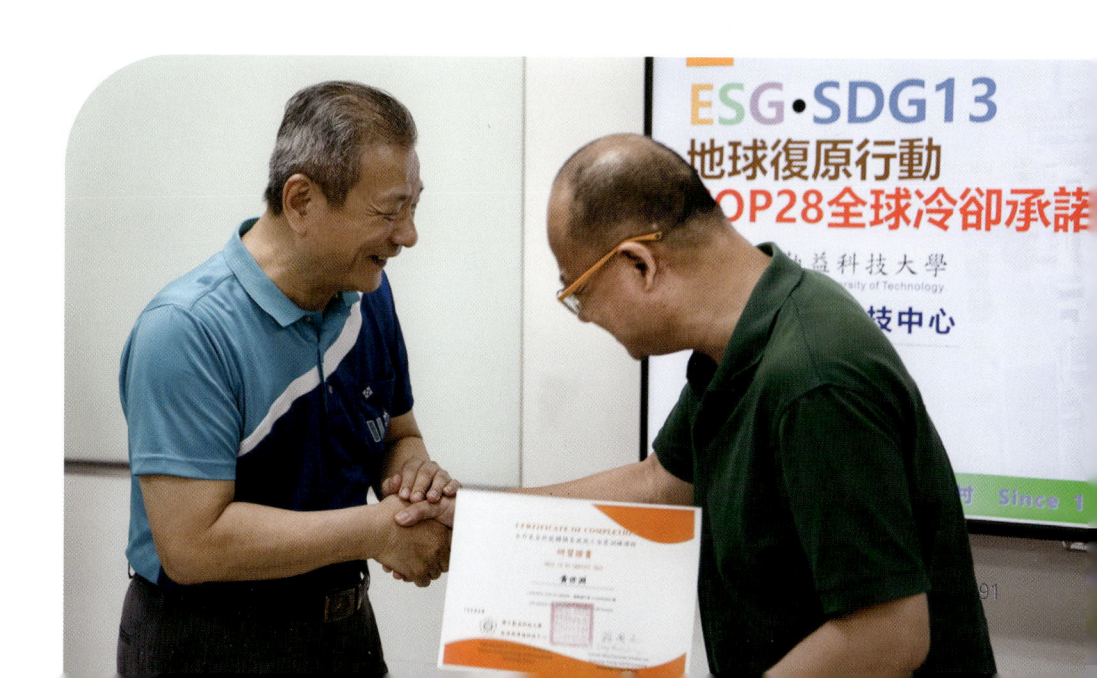

翁教授在中心推動技術研究與產業化的結合，團隊的研究成果通過實驗室測試，最終成為多個行業的商業應用方案。2020年，他創立了威浦斯科技股份有限公司，將自然能量轉換技術的研究成果推向商業市場。這家公司致力於提供以自然能量轉換技術為基礎的解決方案，從冷凍空調到工業設備，再到公共設施，幫助客戶實現綠色、可持續的發展目標。

為了推動研究中心的發展，翁國亮講座教授的團隊申請並獲得了108年度科技部的「價創計畫」，該計畫提供了資金支持，讓研究成果更快地轉化為商業產品。通過價創計畫，他們的技術不僅在臺灣市場中取得突破，還吸引了其他亞洲國家的關注。

推動自然能量轉換技術的全球應用

　　翁國亮講座教授深知技術的價值在於其應用範圍，他不僅在臺灣市場上推廣這項技術，還積極推動它在全球的應用，尤其是在東南亞能源需求較大的國家，包括越南、新加坡和菲律賓等地。這些國家正面臨嚴重的能源挑戰，而翁教授的自然能量轉換技術提供了一種高效、環保的能源解決方案。

　　他的團隊在這些國家中實施了多個技術測試，並與當地政府和企業合作，將自然能量轉換技術逐步應用於當地的各個領域。他們還提供技術支持和專業培訓，幫助當地的技術人員掌握自然能量轉換系統的操作與維護，確保技術的長期應用與發展。這些項目不僅為當地企業降低了能源成本，還提高了能源利用效率，減少了對傳統能源的依賴。

此外，翁國亮還於 2020 年成立社團法人臺灣能源與環境發展協會，以促進全球能源技術的合作。他指出，全球範圍內的氣候、能源危機與環境挑戰，需要多國合作，共同推動技術的共享與發展。他積極參與國際交流活動，通過協會推動臺灣與其他國家在能源技術方面的互動合作，並開展了多個國際研討會，讓全球能源專家交流經驗，共同探討如何應對日益嚴峻的氣候挑戰。

致力於能源與環境的永續發展

展望未來，翁國亮講座教授對於自然能量轉換技術的發展充滿信心。他認為，隨著全球氣候變遷的加劇，對於能源轉換技

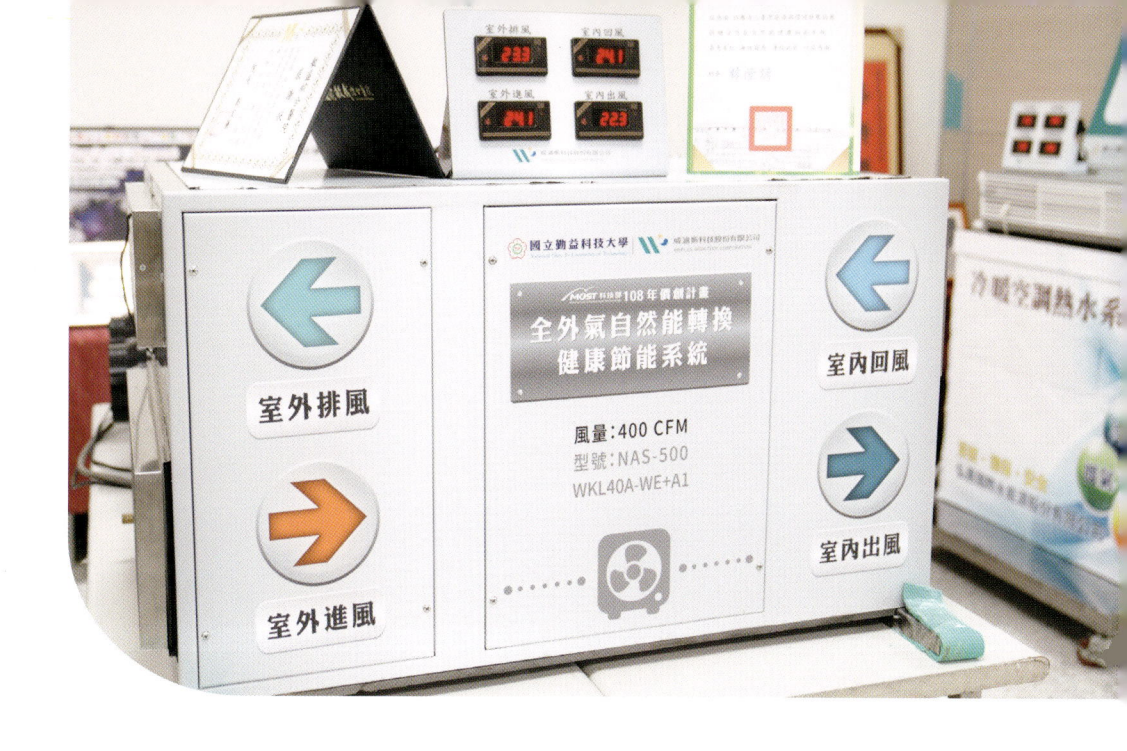

術的需求將不斷上升。這項技術不僅能夠降低碳排放，還能夠在全球的能源轉型中發揮重要作用。翁教授計劃進一步將這項技術推廣到更多行業領域，如醫療、公共交通和製造業等，讓更多高能耗產業受益於該技術。

此外，他特別重視技術教育的推廣，並與多家國際教育機構合作，設計了一系列針對不同技術層次的專業培訓課程，這些培訓計畫為能源技術的長期發展提供了穩固的人才支援。他強調，技術的普及與應用，離不開專業人才的培養。為此，他在全球各地設立技術培訓中心，這些中心提供專業技術培訓，讓更多的人掌握自然能量轉換技術的運作和維護。

翁國亮講座教授的未來目標是持續推動這項技術在全球的應用，尤其是那些能源資源短缺且面臨環境挑戰的地區。他強調，解決全球的能源問題需要國際合作與技術創新。他期望有更多的國家和企業參與到這一行列，共同推動可持續的能源技術發展，為未來創造更加健康、和諧的環境。

總結來看，翁國亮講座教授的專業成就，體現在他對自然能量轉換技術的深入研究與全球應用上。他相信，隨著技術的進一步普及，全球的能源使用效率將得到顯著提升，人類和地球的共存將更加和諧。

臺灣能源與環境發展協會

📞 04-23936436

✉ ateed1225@gmail.com

📍 臺中市太平區永豐路 157 巷 33 號

| 官網 | 威浦斯科技 | 地球復原聯盟 |

潛心深造 多元結合
願分享、肯利他─成就跨域藝術家

國際藝術收藏家協會
理事長 施珍瑛

　　施珍瑛的藝術旅程起源於 2000 年一次偶然的契機。那年，她跟隨友人拜訪畫室，耳濡目染之下燃起了對繪畫的熱情，便一頭栽入這片充滿色彩的藝術世界。此前，她在服裝設計領域已累積了超過二十年的經驗，並對服裝的立體結構抱有濃厚的興趣。然而，長時間的創作讓她逐漸意識到，僅僅專注於單一形式並不足以完全滿足她對藝術的追求，因此她選擇重回校園學習造形藝術，全面提升自己研修許多學術概念、電腦繪圖與影像處理的現代藝術理論與技能。

用熱愛引領創新 用分享連結世界
讓藝術的美與善跨越疆界

跨領域的嘗試 踏入藝術界的緣起

　　2005 年畢業後，施珍瑛迅速嶄露頭角。在隔年的各項比賽中，她憑藉出色的作品一舉奪得 11 個獎項，儘管年過四十，她並未因此驕傲自滿，反而沉澱下來，深入思考往後的創作路線及擴展層面兩大議題。她敏銳地意識到，藝術不僅僅是創作，更重要是與市場、觀眾的互動。每年參加了 160 餘場展覽開幕活動的她，也在實踐中逐漸認識到宣傳的重要性，進而為展覽活動進行線上推廣。她的努力得到了國際媒體的關注，

2018 年施珍瑛與義大利媒體 Fashionluxury.info 建立合作關係，成為該平台的經營者之一，從此踏上了藝術與媒體相結合的全新旅程。

開創國際視野　替藝術圈增添曝光度

　　施珍瑛深信，優質的藝術作品應該被世界更多人看見。因此，她大膽於國際媒體版面中設計了一套中英文雙語的報導模式，並搭配數十張高質量的照片，將展覽活動資訊發佈到全球超過 110 個國家的社群平台。這樣的創新推廣方式，為展覽帶來了前所未有的關注，使更多臺灣藝術家的作品登上了國際舞台。

不僅如此,她也為義大利、法國、葡萄牙等多國藝術家,將展覽訊息成功傳播到全球,無形中結交了許多國際藝術圈的經紀人、收藏家與藝廊夥伴,同時創辦了「FL.I 藝術獎」,每年舉辦國際兒童繪畫比賽頒發「FL.I Award of Arts」國際藝術獎給得獎指導老師,表彰他們的付出與成就。這些努力,讓臺灣與國際間的藝術連結更加緊密,也實現了她心中「藝術無國界」的理念。

　　在國際合作之外,施珍瑛還積極投身跨界行銷。她提倡整合資源,與異業合作分享利潤。2020 年她建立了 LINE 群組「啟

動臺南市文化界」,搭建起文化創作者與政府之間的橋樑;2021年她成立「國際藝術收藏家協會」,整合臺灣9個縣市的收藏家,開創更多的可能性。此外,她還參加了中國全國各省收藏家年會與論壇,成功建立跨省交流的友誼與合作機制,進一步鞏固了臺灣藝術家的國際影響力。

跟隨時代的腳步 透過行動開創更多可能性

疫情對全球藝術界造成了前所未有的挑戰,但施珍瑛選擇以創新應對危機。她摒棄傳統的行銷方式,積極探索全新的商業模式。疫情期間,她不僅踏足藝術經紀領域,還進一步結合NFT技術將藝術品數位化推廣布局。她認為藝術的價值並不局

限於作品的實體形式,透過數位化與元宇宙的結合能夠賦予藝術品全新的市場可能性。

施珍瑛積極參與國際間的文化交流活動推廣藝術品跨境,2023年以新加坡國際文化藝術聯合會顧問之身份帶領台灣藝術家團隊參展2023《藝韵騰輝》新加坡文聯藝術交流展暨文化藝術論壇並發表論文《藝夫當觀》於國際期刊,讓臺灣藝術家有更多機會走向國際舞台。這不僅幫助藝術圈在疫情中的低潮期重拾活力,也讓更多人看到了藝術與文化在困境中的韌性與希望。

此外,她將「共享經濟」的理念融入藝術推廣,提倡與企業合作,實現共利共生。2024年,她於立法院成立了「國藏藝

術發展委員會」，進一步完善了藝術品從創作到拍賣的產業鏈布局，為藝術家與收藏家的長期發展提供了全新機會。

回到藝術家的身分 不忘對創作熱情的初衷

作品不斷嘗試多元化的表現形式，從傳統媒材到現代數位技術，每一件創作都代表著她對藝術可能性的探索。

她提出了「品-維-觀」的品牌理念，主張品牌不僅需要高辨識度，更應具有深刻價值，將藝術作品轉化為能夠創造財富的文化資產。她的願景是構建一條完整的藝術產業鏈，從創作、策展、宣傳、收藏到市場行銷。2024年初在立法院國會總會成立了「國藏藝術發展委員會」，並擔任會長，

創新拍賣會模式，促進藝術品的後續發展，為藝術家與收藏家提供全方位的支持。

　　施珍瑛用創新改變藝術格局，是一個將熱忱與行動結合的成功範例，她的經歷也為未來的藝術產業提供了無限可能。她認為一個人如果要闖一番事業，世事洞明是前提，人情練達是根基，謙卑為善做個引路人，並且塑造自己成為最好的作品，分享資源，與人共利，受人尊重，無論男女都歡喜為友。最後她以「淺淺笑著，穩穩走著，不負時光，看淡得失，珍愛自己，無愧我心！」共勉之！

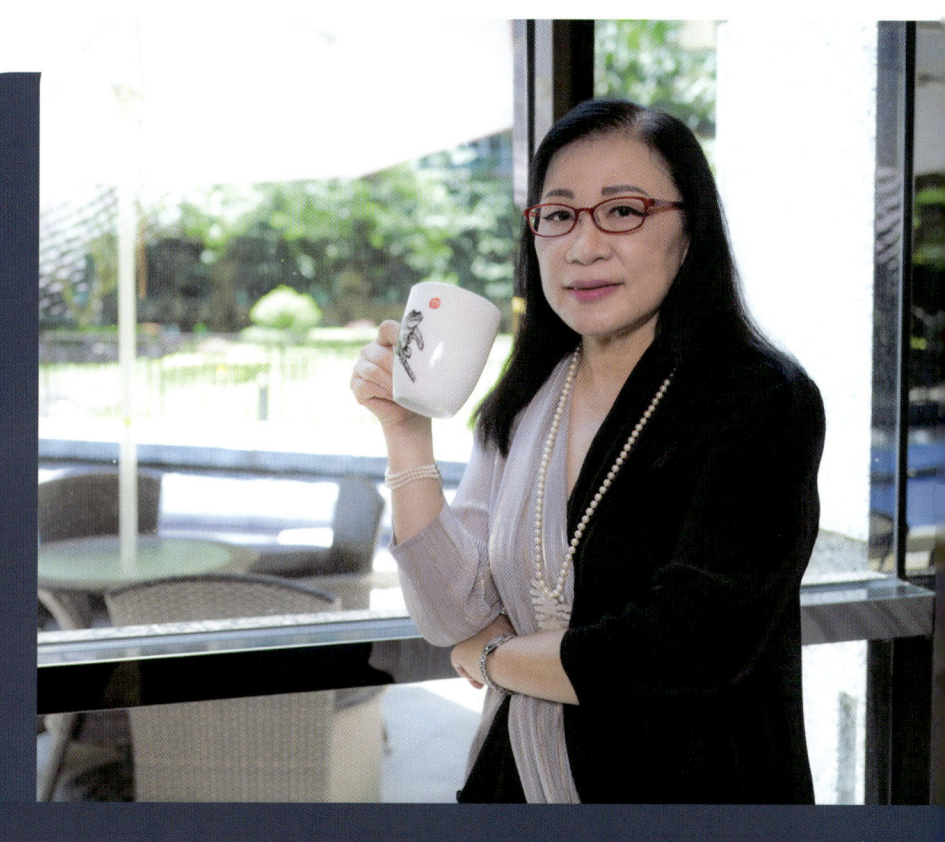

國際藝術收藏家協會

📞 0932-709-073

✉ scy5155@gmail.com

📍 臺北市中正區青島東路 4 號 2 樓之 1

FACEBOOK

越是困難 越是邁向成功的必經之路
唯有堅持才能成就無限可能

無懼挫折辛苦 愈困難愈前往
打造世界龍頭的鐵捲門事業

SKB 辛建文捲門集團
董事長 辛慶利

　　來自馬來西亞的辛慶利，秉持永續、創新的理念，將父親白手起家的鐵捲門企業逐漸擴展成國際品牌，成為東南亞最大的捲門製造商 SKB Shutters Corporation Berhad。1997 年，亞洲金融危機的時代下，SKB 有幸搭上經濟復甦列車，比起鄰近國，馬來西亞的工業發展帶動國家經濟穩健成長，儘管辛慶利謙遜地說是靠運氣，但能抓穩時機，領導集團運用優勢，讓業務量、生產值翻倍成長，又何嘗不是一種實力呢？

父親堅持 拉起與臺灣的深刻情緣

　　辛慶利在檳城鍾靈中學畢業後，成績優異的他原可選擇歐美學校繼續升學，卻因為父親的巧妙安排，被保送至臺北工專就讀機械系，牽起與臺灣的一份特殊情緣。然而，在臺北工專念書時，幾乎大多學科都難不倒辛慶利，唯獨地理科讓他吃了閉門羹，怎麼考也考不過，直到換一位教授重新制定評測標準，才順利通過，解決差點畢不了業的危機。在臺灣的求學生涯，辛慶利也結識妻子周麗心，畢業後，他便偕妻子返回故鄉馬來西亞接手父親事業——辛建文品牌。

談起辛建文品牌的公司名由來，其實源於父親採用自己名稱作為招牌。辛慶利不願枉費父親的期許，在回大馬後的第一決心，便是擴展辛建文捲門集團。當時，大都市四通八達，他直接將座標定位在大馬首都吉隆坡，作為開拓事業版圖的起點。在那塊人生地不熟的新環境，尤其通訊不如現今便捷，辛慶利以土法煉鋼的方式，一頁頁翻找黃頁名冊，從第一頁開始聯繫，每一間可能需要捲簾門的潛在客戶都不放過。回憶起第一筆近三萬馬幣的大訂單成交，辛慶利仍對那份感動恍如昨日般深刻。有一次成功的實戰經驗後，他更認真對待每一客戶的來訪。

在股市占有一席位置 品牌更屹立不搖

辛事實上，SKB集團最初僅僅只是建造籬笆、捲簾門等小工程，慢慢的，因為技術更新，品牌也逐漸擴大經營品項。為取得更多客戶信任、增加更廣客源，還有個與日商談判的故事深烙在辛慶利的心裏。當時，甫從臺灣歸國的辛慶利，聽聞馬來西亞的第一座摩天大樓「巨集圖大廈」是由日本建築公司承建，決定單槍匹馬前往拜訪。

孰料日商經理不給辛慶利好臉色，面對辛慶利的好心詢問，只粗魯的將建築圖紙朝桌上一扔，要他畫下大型尺寸的工程圖，想見識眼前這位年輕小伙的實力。最終，辛慶利拿出不凡氣度與在校時期習得的優秀繪圖技術，在日本業主的再三考驗下，精準畫出對方滿意的設計圖。確定訂單成交後，辛慶利打

趣的說，當時對方連報價單都不看，就放手讓他去執行、製作，後來他才明白，商場一日無法運作，動輒都是難以評估的鉅額損失，因此日商寧可在投資前百般刁鑽，也不願日後後悔莫及。經歷那次日本客戶的洗禮後，SKB業務更是戰戰兢兢。

　　約在1992年，穩定的客單量，讓辛慶利引領的公司足以自立門戶，與檳城母公司分家。1997年，全球歷經亞洲金融風暴，SKB卻在這波浪潮逆勢成長，意外接收到不少從歐洲來的轉單。2001年，SKB順利在股票交易所上市成功，象徵嶄新的事業里程碑，也讓他們品牌被更多人看見與御用，成為東南亞捲簾門市場的龍頭。

先動優勢 締造引領先鋒的價值

辛慶利提到，為了能在市場上擁有捲簾門產業的領導頭銜，集團都會訂立目標，每一年都必須推出新穎的品項。例如他們的經典商品：透明捲簾門，攻不破、可防盜，透視功能又具備展示商品的價值；對於商家來說，儘管夜晚閉店，透明捲簾門卻可以二十四小時的展示商品，無非是另類的實體廣告，讓路過的民眾隨時有機會從外頭看見商品模樣。

SKB集團還有一項產品是防火捲簾門，該品項在美國、英國、歐洲、東南亞地區皆有因應需求的特殊規格，兼具人性化與自動化的特色，能夠克服火警發生時，消防疏散的緊急安全問題。辛慶利提到，這些新興商品，其實都是從小處做一些微小變化，接著小改變帶來更多創新突破。或許正是這樣的期許與

挑戰，讓 SKB 集團形塑一股「先動優勢」。

然而辛慶利不忘本，他認為，產品突出的要領，是讓物有所值；且品質永遠只能給更好，不可偷工減料。曾有一次，團隊因買不到工程指定材料，竟在辛慶利不知情之下，選擇品質差不多的替代，結果被客戶發現，慘賠更多。那次經驗，讓辛慶利上了寶貴一課，守業不易，品牌不可被隨便糟蹋。因此每次接單，他命令員工都該謹慎看待，寧可高價選料，讓產品壽命延長，絕不可貪圖一時便宜，反在日後的維修處理上更耗時費力，甚至賠了信譽。

越困難 代表離成功更近

辛慶利對事的積極態度，印證他成功的足跡。有次客戶提出，產品規格與原先要求有所出入，辛慶利耳聞，決定協同團隊，在客戶給出期限的更前一晚，將所有安裝好的門都重新組裝，甚至比負責人提前到現場等待。這番成果，讓對方對於 SKB 團隊的效率表達深刻讚揚。

辛慶利說，每一件事情自有它的挑戰性存在，如果簡簡單單就能完成，又怎能從過程裡學習呢？「越困難，代表越接近成功。」這番信念陪伴辛慶利跨越多次難關。

在未來，SKB集團也將ESG視作公司永續發展目標，盼減碳理念融入每項產品與公司整體營運中。在防水閘門、防火門、捲簾門等產品中，運用綠能與集水設備，打造兼具環保理念的新興產品。不畏懼挑戰，從容跟進世界趨勢，未來SKB集團發展，值得眾人期待！

SKB 辛建文捲門集團

📞 +60122066788

✉ dannyklsin@skb.com.my

📍 Lot 22, Jln Teknologi, Tmn Sains Selangor 1, Kota Damansara, 47810 Petaling Jaya, Selangor, Malaysia

官網　　　FACEBOOK

環境友善永續發展
造出理想農場新境地

造境農場
負責人 楊智平

「造境農場」的創辦人楊金鑫，也是負責人楊智平的父親，他本身是務農第四代，接手父親留下來的農地，將曾經荒廢一時的農地轉型、培育，用近乎十年的歲月，將原本的農地發展成觀光農業，因為不想同許多觀光農業的轉型只是做成餐廳，以及為了不讓農業面臨凋零與失傳的命運，慢慢地將觀光農業朝向實體為主，商業為輔，逐步往食農教育的方向擴展，兼具教育與友善土地的理想。

用心耕耘每寸土地
以永續精神守護農業的未來

多元整合逐步延伸 在固有根基中創新

　　「造境農場」運用彈性的方式，經營環境教育與觀光面向，他們自己搭建溫室，劃分出種植愛玉、有機蔬果的區塊，種植柑橘，以及最耗工的高接梨，透過接團、做外匯，規劃露營烤肉區、DIY 手做等延伸，逐步完成農業再生的轉型，楊金鑫也廣納各方，結合文創產業，與藝術家合作，他認為讓不同專業的人聚在一起才能凝聚出新東西，同時楊金鑫也明白農業的本質與根基是他要守住的，如何在兩方面取得平衡也是一門學問。

由副業轉主業 貫徹不設限的經營態度

　　楊金鑫原本是做中藥本行，慢慢地轉回農業成為主業，他將自身作中藥和農業的經驗相對照，體認到農業和中藥行業之間的差別在於農業的範疇更廣，也藉此明白人真的不需要自我設限，楊金鑫說道：「人一設限，就容易一直執著下去，好像沒有那件事就不行，如果只盯著一棵樹看，就看不見整片森林。」從這個理解中，他開始去宏觀地看整個產業，他明白觀光農業這塊有很多發揮的空間，為了做出不一樣的東西，勢必會牽涉到差異化與創新，負責人楊智平採用年輕一代的新思維，父子同心，一同完成夢想。

多方合作打造體驗式環境　去做別人不願做的事

　　負責人楊智平原本考上醫學檢驗科的執照，已經要去工作了，最後還是敵不過爸爸的農場夢，毅然決然回來工作，他說「造境農場」這個名字的由來，是想沿用地方名—新竹縣新埔鎮照門里照鏡段的「照鏡」，但又想吻合創造無毒友善環境的意義，於是「造境農場」的名字誕生，負責人楊智平從小就跟著父親一起務農，但真正深入這個行業還是畢業後回來工作，務農本身不是一份輕鬆的工作，光是學習植物種植他就花了兩年的時間，第三年才學習經營農場，直到第四年才開始替農場尋找合作對象。

父子倆都認知到多方合作是活絡農場的重要方向，一開始找家人合作，後來也與木酢達人、改良場合作，創造一個團隊來打造農場，也帶入各種體驗式活動，對年輕學子來講，也提供了食農教育良好的學習場域，從水梨的花苞嫁接到採收的後續加工，他們都會在一旁親自教學，讓客人體驗。

　　因為高接梨工法太多，技術的流失也是一個問題，尤其在水梨摘種這個領域，越來越少人做，光是新埔這個區域幾年內就少了幾百公頃，但是造境農場堅持和別人不同，別人越不想做的，他們越是要做，而既然做了，就要堅持到底。

持續溝通換位思考 成果是成就感的來源

　　以水梨和橘子作為主要項目,「造境農場」也朝有機蔬果發展,慢慢地照著自身的腳步擴展其他產品,申請特色農場的規劃也是用水梨去申請,造境農場的發展,在最一開始的時候也是使用慣行農法,後來他們加入產銷履歷,從帶客人體驗到許多學校也有在推廣的食農教育,大家一起來做手作,讓農場變豐富,進而達到觀光效益。

　　偶爾負責人楊智平與父親還是會因為理念不同而產生溝通障礙,但也是在這些持續溝通的過程中,讓彼此不斷換位思考,

為相互適應而做出改變,是交接的必然過程,也是很多青農回鄉會遇到的問題,因為年紀與世代的不同,考慮的點不一樣,父親認為自己年過半百,所以想盡善盡美,把未完善的部分趕快搞定,而兒子想自己動手慢慢來,把資金省下來做更好的規劃,雖然想法不同,但共同目標都是為了優化農場。

務農向來不是輕鬆的事,但是負責人楊智平坦言:「從剛開始起步,到看到成果,一路到最後分裝的時刻,就覺得這一年的努力值得了,這絕對是成就感來源!」要經歷一個植物從小到大的生長歷程,如此切身的參與,成就感真的不是一般的大。

每當想要放棄時 都選擇再堅持下去

　　關於給年輕世代務農青年的建議，負責人楊智平說與上一代的溝通是重要的，以及如果選擇做了，就要堅持到底，如果半途而廢，那真的很可惜，不要小看「堅持下去」這件事，越是簡單的道理越是難以做到，對負責人楊智平來說，如果再一次回到過去，他仍然會選擇投入務農事務，因為對他來說，做和興趣相關的事物是他很大的動力來源，而且對於這個領域的限制相對較少，有很多可以發揮的空間。

　　負責人楊智平也明白農業生態與自然生態永續發展的重要性，關於未來他心中也有清楚的藍圖，搭配食農教育 DIY 的部分，讓大家更了解這片土地，讓水梨嫁接的技術不失傳，他們理解環境對人的重要性，設立生態池、生態溝，像是以前一般都認為水梨不噴藥種不出來，但是在造境農場的堅持下，到處找克服的方法，也找過植物醫生，花了四、五年的時間還是做到了用無毒農法參與產銷履歷，楊智平明白生態沒有永續發展的規劃，一切都是空談，而永續發展也是未來產業的重要趨勢。

造境農場

📞 0988-613-676

✉ assam013039@gmail.com

📍 新竹縣新埔鎮照鏡段 10 鄰 48 號

FACEBOOK

以純粹的品質傳遞健康
用堅持的心意走向未來

全心全意推廣健康飲品
不畏沐雨櫛風
分享最優質的木耳飲

MONI 沐尼

品牌總監 張哲維

　　總監張哲維本身是做電商起家,「MONI 沐尼」在兩年前成立公司,其大伯也就是創辦人游祥治當時為了幫助弱勢或經濟困難的家庭,讓他們投入生產行列改善生活條件,也讓木耳飲有機會被分享出去,「沐尼」取名自木耳台語的諧音,是源於說台語的長輩常常在聊天時說到沐尼沐尼,總監覺得非常有趣,木耳的意象也明確,「MONI 沐尼」這個品牌名就此誕生。

親自視察木耳農場　高品質喝出豐富營養

　　對品質很要求的「MONI 沐尼」，使用來自阿里山新鮮原生種的白木耳，由於白木耳本身的生長環境要求甚高，張哲維必須親自到彰化視察白木耳農場的生長環境，經歷幾十年的研發與改良，終於創造出符合理想的高品質白木耳，多醣體和膠質比一般市面上的木耳豐富，亦沒有任何添加物。「MONI 沐尼」使用純粹的白木耳製作木耳露，良好的口感讓孕婦和孩童也非常喜愛，隨著健康飲食風氣興起，大眾也愈來愈接受這樣的健康飲品。尤其對於平常不太愛吃蔬菜的孩子來說，木耳露含有充足的營養，隨手一杯就能將健康的元素自然吸收進身體當中。

專注追求與研發 品質要求不馬虎

「MONI 沐尼」從無到有,每個製造與研發環節講求細緻,雖然產能不高,但為了確保產品品質,創辦人選擇不假手他人,每一杯「MONI 沐尼」販售的飲品,皆是他親力親為監督下的成果。未來,若品牌名聲逐漸擴大,有望擴增工廠的話,他認為也應維持這樣的理念,在原料上嚴格把關,才能對得起消費者給予的信任。

「MONI 沐尼」的首家實體店面在桃園的南崁,從創立以來就持續參加許多市集與展覽,讓大眾認識木耳對健康的好處,

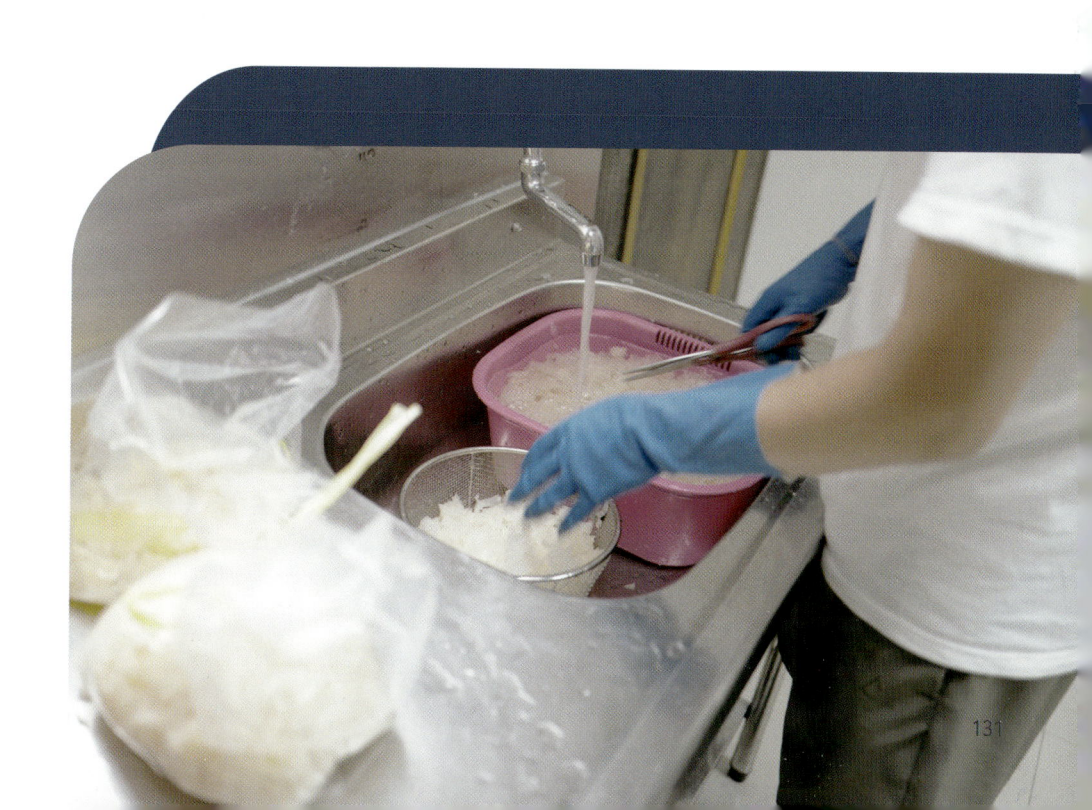

張哲維提到他們最特別的產品是蓮藕湯，是創辦人親自到高雄去學習技術，很多人聽到關於蓮藕的產品，都會直覺聯想到用蓮藕粉去泡的，但是「MONI 沐尼」的蓮藕是跟桃園在地的小農合作，親自研發與熬煮，煮蓮藕茶的技術是創辦人的大伯特別去高雄學習，再經過不斷改良，創造出新口味，透過白木耳的膠質與蓮藕結合產生的新滋味是「MONI 沐尼」的獨家，改變有些人對蓮藕的抗拒，讓喝過的人都喜歡。

驚艷客人的新產品 讓美好滋味與健康劃上等號

「MONI 沐尼」一直以來都有在開發新產品，秉持想要提供最新鮮食物的精神，用新鮮的水果——桑葚、蜂蜜、檸檬等等增加風味，也因為參展的緣故陸續受到百貨公司的邀請，進入

了臺北車站微風廣場做產品的推廣，做一些產品上的新變化，例如手搖飲產品的改良，「MONI 沐尼」貫徹健康的理念，由於口感差不多，他們把珍珠的基底換成白木耳，客人喝到都非常驚艷，也讓大家對健康飲食的接受度變大了。

誠心感謝生命中的貴人 延續一絲不苟的做事精神

雖然「MONI 沐尼」如今順利發展至小有規模，但在初期成立時，人手卻只有三位，在開銷方面也非常吃緊，最初接到的一些臺北的團購，都是總監直接開車送過去，他回憶起印象比較深刻的一次團購案，因為對方購買的數量較多，在運送的過程中不小心打破瓶子，當時他一個人在大樓的樓梯口擦地，很是狼狽。創業的路上難免會遇到一些困難，總監也很感謝太太

的支持，一路上的相助，犧牲自己的時間，無論是日常伙食還是照顧孩子的部分，常常一大早就出門，晚上九、十點才回到家。

　　總監張哲維也很感謝創辦人游祥治，大伯原本自己開工廠，退休後才開始研發木耳飲，在張哲維眼中大伯一向是位成功人士，大伯願意邀請他一起來做這個品牌，讓他很感動也覺得備受肯定，在他眼中大伯是個做任何事都會全心投入的人，像是門市剛開幕的時候，大伯就非常用心，從裝潢設備進場後要注意的眉角，到許多細節的嚴格把關都十分重視，而總監張哲維也延續了大伯一絲不苟的精神，在當時店面裝潢的時候，也是每天半夜來回往返，就怕進度沒弄好，盡力在品牌形象的變革上做到最好。

精益求精保持初衷 邁向國際市場的未來展望

　　對總監張哲維來說，品牌就像自己的孩子，在品牌成立的過程中，也帶來巨大的成就感，尤其在眾多百貨門市，是個具有指標性的里程碑，也是「MONI 沐尼」現階段的成就，一路走來他十分感激，對於「MONI 沐尼」能夠被許多人看見，對張哲維來說是莫大的榮幸，未來希望能擴大連鎖，同時他也了解無論是品牌還是對未來規劃的期許，都要回到最初的品牌理念，也就是創辦人最初的理念——讓所有人都可以喝到他們家真材實料的白木耳，讓大家都能夠品嘗到最真實的原汁原味，總監張哲維說他們也會持續的推廣下去，推廣到臺灣的每個角落，甚至外銷到國外。現在越來越流行健康取向的飲食，臺灣美食在國際上也經常吸引許多人想去嘗試，相信國外也會慢慢接受

這個產品，像是一些日本人及歐美國家的旅客，喝到「MONI 沐尼」的產品時也驚為天人，讓國際上接受「MONI 沐尼」的產品，也是總監張哲維的長期目標，也期許未來能夠加入大廚房的協助與強化基本設施，他明白即使品牌做大了，也要顧及到技術的升級。

總監張哲維非常感謝創辦人大伯、叔叔、太太，以及他的創業夥伴，對他來說創立的初衷是品牌的核心，對他而言最重要的是，銘記當初所創辦的理念，不忘最初想把健康的產品分享出去的心情。

MONI 沐尼

📞 03-2126836

✉ moni75.official@gmail.com

📍 桃園市蘆竹區桃園街 75 號

官網　　INSTAGRAM　　FACEBOOK

活到老　活更好
互助讓生命更美好

為長者及弱勢發聲
提供最專業完善的照護

財團法人台南市私立
聖功社會福利慈善基金會
執行長 徐榕駿

　　近年社會邁向高齡化，長照意識抬頭，長照 2.0 成為政府推廣的目標，在台南、高雄有一群以愛為出發點，秉持著希望能讓更多長輩，在未來能受到更優質、更全面專業照護服務的天使們，腳步不停地在落實耶穌福傳的使命，把愛傳播到偏鄉各個角落，希望能帶給貧乏者及弱勢，或是需要幫助的人們，一份最真誠的協助。

以利他之心而發起 積極行動服務社會

　　財團法人台南市私立聖功社會福利慈善基金會（以下簡稱聖功基金會）創辦人邱小姐原是一名醫護人員，因從國外回來，看到國外很多養護機構的水準參差不齊，便打算自己成立一家養護機構，服務有需求的長輩。當初聖功基金會成立時，同步成立的有護理之家及養護機構，成立後利用醫護人員的專業性，提供有需求的長輩們一些專業照護，屬於長照相關的範疇。聖功基金會原先偏向提供後端服務，專門負責過去可能受環境影響或受到的照顧水準不一致，而對養護機構產生不信任感的家屬、長輩們，與之做溝通協調，讓家屬安心。

後來近十年的時間，聖功基金會開始朝向前端服務，承接居家服務、日間照顧、失智社區服務據點、巷弄長照站及社區活化計畫等社區長照服務。透過以往在執行機構營業的經驗，運用在上述的長照服務，除了整體服務品質有所提升外，專業度也能符合被照顧者的需求，目標是希望任何有長照需求的長輩們能夠得到更完善的專業服務。

跨域發展愈挫愈勇 不畏困難精進自己

　　徐榕駿過去曾在中研院做學術研究，因緣際會下接觸長期照顧服務，毅然決然地選擇跨域發展。因為是非專業人員，還需經歷過一段時期的摸索，認知到長照是複雜且專業度高的領

域,因此額外去進修社工課程。在了解到基金會的背景及運作狀況後,把過去做學術的經驗及申請政府計畫的知識,整合運用在擴大管理聖功基金會上,從長者的各項專業長期照顧,到社區內長輩的健康與認知促進及婦女相關的專案,透過執行這些計畫,開始提供從支持身障、居家、社區到住宿式照顧之多元連續服務,建立以社區為基礎之長照服務體系。隨著長照服務的增加,妥善運用及整合經驗,來支持聖功基金會的營運,又因創辦人有相關的醫護背景,更能與其他單位做出區隔,凸顯專業,並且提供長者們更高品質的照護。

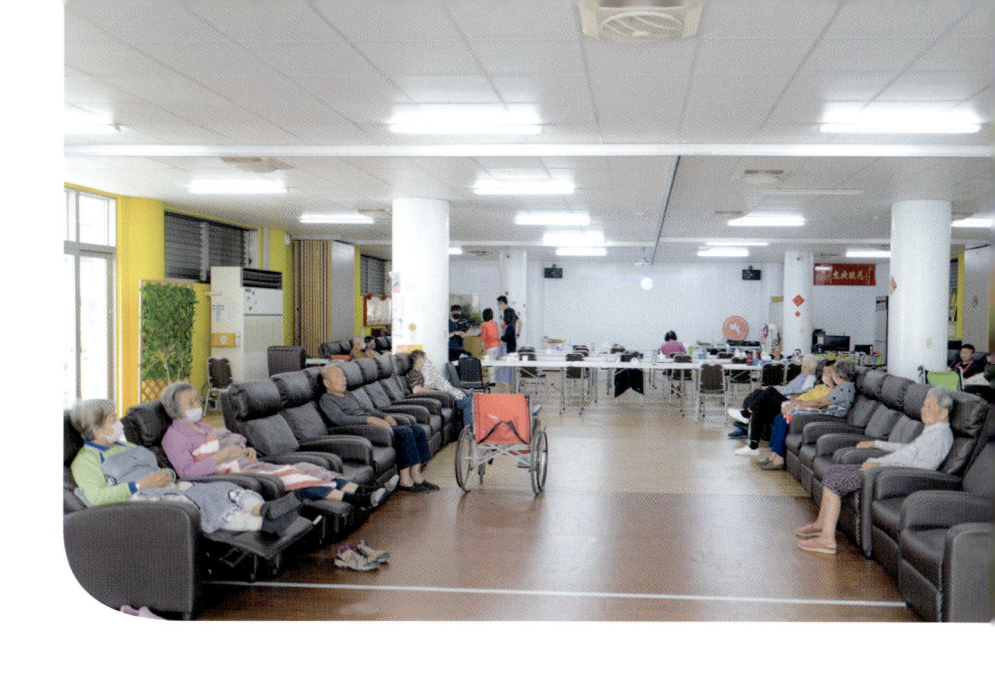

徐榕駿建議未來想加入這行的朋友，除了要對這領域有熱忱外，耐心也是必不可少的要件，除了服務長輩，家屬也是服務的重點，怎麼讓家屬安心也須列入考量。基金會除了提供多元化的服務，也提供一個諮詢便捷的暢通管道，讓家屬有疑問或需求時，能迅速聯絡到聖功基金會，屆時專業人士將會提供所需的協助，幫助家屬及長輩選擇最適合自己的相關長照服務。在聖功基金會執行業務的過程中，遇到的挫折不在少數，但還是得堅持下去，最重要的在於溝通協調，除了家屬與長輩之外，也需要顧及感到挫折的工作同仁，統籌兼顧，是一項耗時耗力但非常有意義的事。

當初徐榕駿會踏入長照領域，很大原因是自己的家人也是失智失能的長輩，在當時長照計畫還未啟動時，接受到的服務品質很有限，從而想到不如自己也投入這行，除了讓自家長輩得到相關服務外，還可以把優質服務也帶給其他有需要的人。過程中讓徐榕駿堅持下去的動力，是當他看到參與活動及計畫的社區長輩有所進步時，即便這一切再辛苦也值得。有些家庭關係不融洽的需求者來到聖功基金會據點後，透過專業人員各方面的介入及多元化服務，情況也會有所改變，日後與家屬的關係也逐漸提升。照護人員會把這些服務過程記錄下來，將影片和照片一併回傳給家屬，除了取得家屬的信任外，還可以展現

照護人員的專業度。長期照顧服務帶來的是一種成就感，也是一種肯定，表示你真的對長輩與家屬有所付出；除了得到人生中的寶貴經驗，對聖功基金會未來的成長來說，都是良好的正向循環，也是所有工作夥伴一起努力奮鬥的主要動力。

優勢之處在於專業 期望擴大規模為更多人服務

醫護背景在長照領域中占據很大的優勢，從醫護角度來看較後端的住宿型機構，服務較嚴重失能或失智的長輩，而聖功基金會除了提供後端服務，也著重於前端服務的部分，與同業的差異化就在於所提供的各式長照服務較多元化，照護人員也都是專業人才，機構內不止提供居家服務、日間照護社區據點，還提供許多其他長照相關服務。

聖功基金會本身的優勢之處有兩點，第一是服務多元化，第二是專業能力的專業度之廣，不論是生活上或是較專業性的服務諮詢方面，聖功基金會都能夠提供一個全面完善的服務。

聖功基金會希望能繼續投入長照領域。未來老年化會日益嚴重，增加老年人或長輩們的健康餘年，是非常重要的事情。聖功基金會就像是一個大家庭，彼此之間互相協助，希望能透過與各單位的合作，保持高度的熱忱跟專業，一步一腳印地實踐這個目標，為社會上有需要的人提供協助，散播滿滿的愛與溫暖。

財團法人台南市私立聖功社會福利慈善基金會

📞 06-2501957

✉ diodio8@hotmail.com

📍 臺南市北區文成路 785 號

官網　　FACEBOOK

用愛與堅持築起避風的港灣
讓每個生命都能找到屬於自己的溫暖歸處

愛與尊重 慢步堅持
視如己出 全面服務

財團法人苗栗縣私立幼安教養院
院長 林勤妹

　　林勤妹出身苗栗後龍農村，當時社會風氣較重男輕女，因此林勤妹國中畢業後，升學的大門被關上。為了念書，她決定離開家庭，與苗栗一間診所的老闆談好，以留宿診所照顧病人，換取就讀聯合工專夜間部的機會。

　　結婚後是另一階段生命的開始，因夫家深受日本教育影響，讓林勤妹學會在各方面格外用心，在老創辦人的堅持下，展開幫助弱勢的志業。

在需要的人身上看見自己的責任

　　老創辦人經營眼科醫院有成，原本已打算退休，但是弟弟卻不幸因車禍導致下半身癱瘓。看到親人和社會上許多身障者生活不便，甚至飽受歧視，於是家族一致決定投身慈善事業。民國81年，他們在頭屋租下年久失修的廠房，重新隔間裝潢，改造成可以收容身障者的機構。同時林勤妹從頭學習專業，努力考上證照，取得立案資格。機構成立後，讓許多貧困家庭中的身障者，終於找到一處棲身之所，紓解原生家庭的經濟壓力。同時，林勤妹帶著同仁一起到中原大學特教學分班進修，充實專業知識。

不過，正當一切事務步上軌道時，連年高漲的房租逐漸增加經營的負擔。於是老創辦人決心捐出名下 1600 坪的土地，打造專屬幼安的家園，讓同仁和服務對象無須擔心未來的變數。

曾經有人遠從花蓮到臺北，四處尋找機構收容自己弟弟身心障礙的孩子，可是連跑四天，依然找不到合適的單位，最後回到臺北車站，連回程的車費都已用罄，林院長知道後，託人為他們買了到苗栗的車票，將身心障礙者接回幼安安頓下來，轉眼已過了多年，幼安早已成為他的家。

不放棄每一個可能性

幼安教養院的成立初衷十分單純：只求讓身障者吃飽穿暖，有一個遮風避雨的住所。後來林勤妹接觸相關訓練課程之後，發

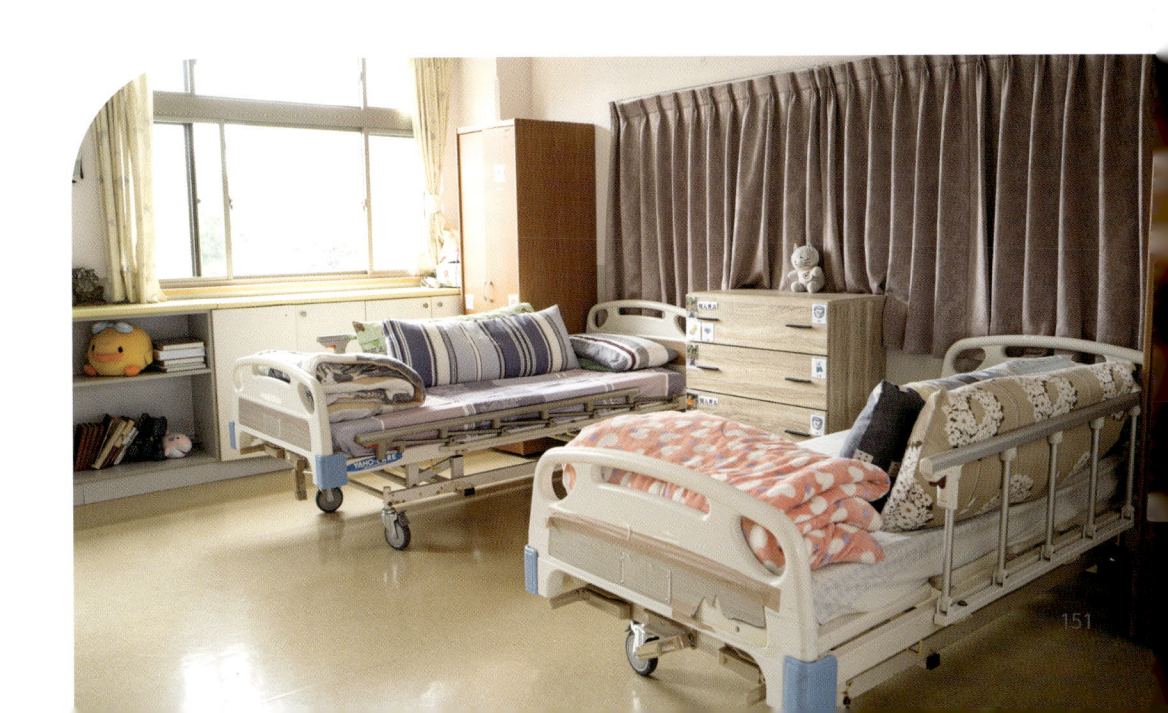

現除了滿足基本生活需求之外，身障者認知行為能力仍有很大的進步空間。因此不斷調整院中的制度，以求提供更多元的服務。過程中難免遇到衝突，但是最終結果總能證明，每個人都有更多的可能性。

早期曾有父母親害怕外界歧視的眼光，因此將身心障礙者藏在兩坪大的房間裡，度過暗無天日的二十多年，連鄰居都不知道身心障礙者的存在。當林勤妹找到他時，身心障礙者尚不知道如何走路，只能在地上爬行，整個房間僅有一張木板床，一條清潔用的水管，以及一個鋁製的小臉盆。到了吃飯時間，媽媽將飯菜倒入臉盆，孩子像小動物一樣趴著吃，連雙手可以抓飯都不知道，令人震驚與不捨。

身心障礙者到了幼安，行為依舊不受控制，每天早上都將排泄物塗滿全身，林勤妹和同仁一邊清理，一邊懷疑人生。但是經過長時間的愛心教導，如今身心障礙者可以用筷子吃飯，也學會走路。林勤妹表示，正如幼安的小烏龜標誌一樣，透過尊重、包容、愛與關懷，有些身心障礙者可以回歸家庭，有些可以找到工作，只要慢慢走、慢慢爬，每一個人都能到達想要去的地方。

擴大服務範圍 珍惜每一次進步

　　早期幼安教養院著重住宿教養，隨著社會的需求，逐漸拓展出零到六歲發展遲緩兒童的早期療育、長期照護、社區照顧式

服務與烘焙坊等項目。目前在機構中的身心障礙者約一百多位，另外在苗栗地區每天還服務兩百多個家庭。在早期療育的對象中，有二十多位身心障礙者們情況特殊，但是愈早治療，仍有提升能力的機會，與正常的朋友一起融入社會的生活。

有一位名叫糖糖的孩子，因為家逢巨變，母親入獄，僅剩一位八十多歲的老爺爺照顧他。六歲的糖糖整日臥床，無法走路，連喝牛奶都會嗆到，瘦到只剩 6 公斤。當時機構僅收容年紀較大的身心障礙者，但是救人要緊，經過緊急安置，在語言治療師與物理治療師密切地合作之下，糖糖的健康有了起色，終於學會翻身，甚至可以下床試著走路，到後來順利進入特殊學校就學，等到母親重新步入社會，糖糖也跟著回歸家庭。這一個案例，令幼安的同仁信心大增，看到早療的可能性。即使資源匱乏，一路困難重重，只要是值得做的事，都能攜手克

服，像是陪伴身心障礙者們一起坐火車環島、搭飛機到澎湖旅遊等，每一件常人理所當然的事，背後都是同仁無比的耐心與愛心，以及社會大眾無私的幫助才能完成。只要看到他們的成長，每一次同仁的付出便萬分值得。

增加資源 與社會接軌

為了幫助身心障礙者與社會接軌，幼安成立了烘焙坊與手工皂班，同時跟環保局承包地方清潔的工作，經過評估與獎勵制度的考核，他們可以到烘焙坊製作時節點心、製作手工皂販售、加入清潔班到外工作。工資所得歸孩子所有，每個月由同仁帶孩子到社區餐廳吃簡餐，或是到賣場採購生活用品，也可以將錢寄回家中，幫忙分攤經濟壓力，讓手心向上的身心障礙者，同樣擁有手心向下的能力。

打造老憨兒專屬家園迫在眉睫

走過三十個年頭,幼安教養院幫助超過 1800 個家庭,如今面臨重重難關;除了本捉襟見肘的經費、時時短缺的生活物資、年紀漸長的師資之外,高齡化的服務對象已找不到安置的機構更是迫在眉睫的挑戰,成立老憨兒家園勢在必行,因此,幼安推出「一磚一瓦助幼安」計畫,以千元為捐助單位,希望招募十萬守護天使,籌集一億元,為弱勢族群打造長久的安心家園。相信在林勤妹院長、同仁與各方善心人士的努下,老憨兒家園終會在不久的將來實現。

財團法人苗栗縣私立幼安教養院

📞 037-366995

🖨 037-366885

📍 苗栗市新英里 17 鄰新英 105 號

| 官網 | FACEBOOK | 線上捐款 |

以真心耕耘品質 以創新連接世界
每一口都傳遞著我們的用心

從一片海洋到每張餐桌
用心傳遞自然與健康

貝鱷欣業有限公司

董事長 / 創辦人 張永綜

　　張永綜，貝鱷欣業的董事長，從家族攤販的傳統起點，憑藉對市場需求的敏銳洞察，成功將企業轉型為專業現代化的水產加工品牌。他以創新的思維和嚴謹的食安標準，引入先進技術，為海鮮產品注入了高品質和便捷性。對張永綜而言，食品行業不僅僅是商業，更是責任。正因為這樣的信念，他堅守在每一個細節，以品質為根，為消費者提供健康美味的選擇，並不斷拓展事業版圖。他的故事，是一段從傳統走向現代、從細微處成就品牌的旅程。

洞察需求變遷 將傳統攤販轉型為現代企業

　　隨著時代和消費需求的改變,張永綜敏銳地察覺到市場對高品質水產品的需求不斷增加。因此,在企業經營上視食品安全衛生為己任,開始積極引入先進技術,從除鱗、冷凍、保鮮、包裝…等過程,全面採用機械化分工作業,全程溫度控管在零下 18℃以下,這項技術能最大程度保留海鮮的營養和風味,確保消費者在解凍後仍能享受到鮮美的口感,並透過 ISO、HACCP 制度建立,建構完整的食品衛生管理系統,目前擁有

HACCP、ISO22000、FSSC22000、MSC、ASC 等國際品質認證，為消費者在第一線做嚴格的把關，實現了從攤販到品牌的升級。他相信，食品安全是企業的根基，因此，他嚴格把控每個生產環節，確保產品符合國際標準，最終得以在超市和餐飲業通路中站穩腳步。

積極創新 推動海鮮加工技術進步

張永綜始終將創新視為公司成長的驅動力。自主研發的「整合滾筒式自動去鱗機」在德國「紐倫堡國際發明展」獲得金牌獎，這套設備顯著減少了加工過程中的人力投入，提升了生產效率，今年再創新研究水循環系統，回收廢水再利用，減少水資源的浪費高達 95%，為環境保護盡一份心也使貝鱺欣業在業界佔據了技術領先的地位。

海鮮加工與消費者需求 貼近市場需求

　　隨著消費市場的快速變化，現代人對飲食的需求已不僅僅局限於品質，便利性同樣成為影響消費者選擇的重要因素。為了滿足這一需求，他將消費者體驗放在首位，貝鱻欣業抱持不削價競爭的營運方式，即使是同類型的產品，也以消費者的角度，不斷推陳出新，創造消費者需求，這些都是張永綜與眾不同的營銷概念，張永綜說：「消費者需要東西愈簡單方便，愈容易處理愈好，致使公司研發的產品可以由冰箱取出後，直接放入微波爐加熱後即可食用。」另外，明年貝鱻欣業將推出整尾去除魚骨的產品，整片魚肉都可以做成料理，讓消費者方便

食用不需費力剔刺。讓消費者在家中也能輕鬆享受高品質的海鮮。張永綜形容道:「我們希望讓海鮮像泡麵一樣方便,成為家家戶戶都能選擇的餐桌佳餚。」

　　貝鱻欣業針對不同年齡層和消費群體的偏好,推出多樣化的產品選擇。張永綜指出,一般公司會認為產品要做到如此細緻很麻煩而放棄生產,但貝鱻欣業追求創新,產品不會一成不變,所以客戶接受度高,近幾年更研發做魚肉片涮涮鍋,很受消費者歡迎。「貝鱻欣業在台灣食品加工業界往往是擔任領頭羊的角色,很多產品貝鱻先做了,後面自然會有人跟進。」他

積極與零售通路合作，了解消費者需求的細微變化，並迅速調整產品線，以滿足市場需求的多樣化。

永續經營與社會責任 以食安為首

作為企業家，張永綜深知企業的社會責任，特別是在食品行業，他更加注重產品的安全與環保。張永綜展現誠信表示，做吃的生意就是良心事業，我們公司產品一定都不會添加化學物，包含加工現場也必定不用化學品做清洗工作，以確保產品的健康和環境的可持續發展。進一步確保產品的食安標準與環境友好性，實踐企業的永續發展理念。

在環保方面，張永綜投入資源改進生產流程，採用無害的清潔和處理方式，減少生產對環境的影響。他相信，企業的成功不僅僅是產品在市場上的表現，更是企業對社會和環境的回饋。因此，他在企業發展的同時，不忘將環保理念融入到每一個環節。他提到：「我們不僅是為了賺取利潤，更重要的是讓每個消費者可以安全、安心地享用我們的產品。」

　　張永綜的永續經營理念不僅體現在產品上，也表現在員工福利和社會回饋中。他認為，企業應該為員工提供良好的工作環境，讓員工可以感受到工作的價值和企業的溫暖。此外，他還積極參與當地的公益活動，捐助弱勢群體，回饋社會。他深知，

企業的成功離不開社會的支持,唯有在成長中履行社會責任,才能實現真正的可持續發展。張永綜的這種經營理念使貝鱺欣業在市場中樹立了良好的企業形象,也為業界樹立了楷模。

展望未來 堅持初心 擴展版圖

貝鱺欣業的發展從未止步,張永綜始終帶領著企業不斷探索新的市場機會。他積極尋求海外合作夥伴,希望將高品質的臺灣海鮮帶到國際市場。他認為,臺灣擁有優越的水產資源,無論是食材的品質還是加工技術,都具有與世界接軌的潛力。因此,他決定加強企業的品牌形象,並以國際市場為導向,將產品推廣至全球各地。

為了實現這一目標,張永綜和他的團隊投入大量資金進行品牌升級和行銷策劃,參加國際食品展覽會,讓更多海外買家認識到臺灣的優質海鮮。他也計畫增強企業的數位化運營,利用網路行銷和電子商務平台,縮短與消費者之間的距離,增加品牌的曝光率和銷售量。張永綜堅信,只要堅持以品質為本,通過創新和精進經營,貝鱺欣業的產品定能在國際市場上獲得更多認可,讓全球的消費者都能享受到臺灣的美味。

貝鱺欣業有限公司

📞 05-2206961

✉ BEILI42788873@gmail.com

📍 嘉義縣民雄工業區成功街 26 號

| 官網 | FACEBOOK | LINE |

帶領社會正視貓狗生存問題
不畏險阻 開創不凡先例

貓村自然景觀公園

創辦人 王文評

　　從無到有，一路走來，經過一次次的實驗及改善，由於臺灣缺乏公部門的支持，「貓村自然景觀公園」經歷過許多挫折，透過信念的傳遞，讓民眾有機會了解那些在我們生活周遭，與人類生存空間相互重疊，卻很少被重視的，流浪貓狗去留議題。

用無私的心守護生命
以堅定的信念築起友善共生的未來

改變貓狗被安樂死的命運 貓村公園的起始

　　距今 15 年前,流浪動物還沒普遍結紮,社團法人中華親善動物保護協會創辦人王文評就在極力推動流浪動物的結紮,他們甚至帶動了一些實際行動的團隊,目的是為了盡量尊重生命。當時有大量安樂死的名單,他們為了爭取這些生命能夠存留,協會將基地騰出來變成一個收容社團,給一些準備安樂死的貓狗居住。在收容過程中經常會遇到很多需要面對的問題,像是貓狗生存與在街頭活動所產生的環境問題。安樂死雖然聽

起來很人道，但執行的過程並非如此，實際上是無數條小生命在其中遭受痛苦與掙扎，這些都是王文評曾經親眼目賭的過程。所以他立志慢慢去改善大環境的結構問題，這是「貓村自然景觀公園」最初誕生的原因。

　　流浪動物的去向和後續安頓的問題，一直是個隱藏許久，卻長期被忽略的社會議題。王文評最初在思考如何改善牠們的生存空間，想到可以運用許多山林閒置的土地，讓流浪貓狗得以居住在合適的場所；王文評將最初的立場明確表達給政府，希望可以減少動物捕殺和收容的壓力，讓這些貓狗在街頭的安全可以受到保障。

深信所有的生命都值得尊重 面對困難不卻步

「生有所養，老有所終。」是「貓村自然景觀公園」創辦人王文評的理念，他力圖避免小生命成為悲慘故事的命運，除了一步步改善大環境結構外，他也明白臺灣必須走向國際社會，讓環境結構跟得上國際腳步，所以引進一些國外的設施；貓村的環境構思來自於日本的友善開放空間；貓別墅的概念來自於對待貓狗友善的國家土耳其。「貓村自然景觀公園」是臺灣首創，從先進國家引進環境友善設施的機構，雖然得到民眾的支持，但王文評表示這方面需要政府的投入，卻得不到相關單位的支持，讓整個計畫執行面對巨大的挑戰。

「貓村自然景觀公園」希望藉由一些宣傳管道，讓更多人知道臺灣是一個尊重貓狗生存的地方，但面對公部門卻未能有效公平的被對待，連在議會播放紀錄片都不被允許。所以王文評意識到正面衝突無法解決問題，只能調整心態，坦然面對。但對的事，他仍然堅持去做，因為勇敢堅定地維護貓狗生命安全，替無法為自己發聲的貓狗們爭取生存空間，是他一生的使命。

不惜投入心力與龐大資金 只為貓狗的福祉

秉持著「生有所養」的精神，在貓狗的照護與安養上，工作人員必須受過專業訓練。王文評在五股設立愛狗公園、林口自然景觀公園、親子教育園區和貓狗的樹葬區等；這些地方的名稱

也會隨著貓狗們成長的需求改變，現在的狗公園是狗狗的安養中心，平均年齡 14、15 歲，壽命即將完結的時候，那裡將是牠們死後安置的終點。這些園區需要投入龐大資金，雖對外開放，卻完全不收費。

王文評全然是為了理念投入這個領域，經營背後當然擁有龐大的資金負擔，他藉由自己的生意，商場上一些朋友的支持，「貓村自然景觀公園」才能繼續運作至今。過去，他們一直堅持不對外求援，因為創辦人認為同情是短暫的，而認同才是重要的，所以他們除了要求分內事及團隊的工作做到最好。更希望是以品質與成果來爭取願意投身公益的善心人士，能體認到他所捐助的善款是一種積極的社會參與，而非單純的救濟。

王文評也有意識到現實層面的大環境不好、經濟狀況不佳,所能實踐的有限。所以他希望能集結眾人的力量,有錢出錢、有力出力,讓推動友善共生環境得以持續運行。

對貓狗生命品質的重視　從不放棄人道考量

　　「這輩子從未想過自己會走上這條路,一切都是老天的安排。」創辦人王文評感慨道,雖然年紀漸長,走過的路,就無法回頭。流浪貓狗的存在是事實,那些政府不願意正視的問題,創辦人希望從民眾的教育開始;「貓村自然景觀公園」堅持走一條不一樣的路,為了貓狗生活的妥善安排,不會盲目地救援,希望提供給園內所有貓狗良好的生活品質。

　　面對輿論壓力及政策的阻礙,「貓村自然景觀公園」計畫藉

由轉型教育園區，以增加貓村公園存在的合法性。他們試著申請成為臺灣第一個合法的開放式園區，但臺灣相關的法規限制非常嚴苛，因為沒有先例，所以要通過申請需要很多複雜的程序。面對政府的拆遷，王文評不退卻，曾經見證許多不人道的安樂死，讓貓狗受驚嚇，所以對於維護貓狗的生命品質，他有著堅定的使命感。王文評認為能做的事，就盡量去做，他很感謝老天的眷顧，在這樣的大環境下能夠找到合適的場所——友善共生的自然空間。隨時開放讓民眾偕同小朋友來玩，可以讓孩子們從小接觸及了解，每個幼小的生命，都是值得被尊重的，並且培養愛護動物的觀念與精神。

貓村景觀公園

📞 0922-111-023

✉ a4312p@gmail.com

📍 新北市林口區菁埔路 41-12 號

Google 地圖

堅定信念 勇於追夢
終將抵達夢想之地

中華民國跨世紀油畫研究會
前理事長 蔡瓊書

　　中華民國跨世紀油畫研究會自創立以來，致力推動油畫藝術的創作及研究，為促進油畫藝術的發展，多年來積極參與全國性年度大展、海峽兩岸交流展、油畫技法研討會等活動。前任理事長蔡瓊書秉持座右銘「不要操之過急，持續努力堅持，一定會抵達成功的彼岸，也會找到伯樂。」期許帶領藝術家們共同精進，在油畫世界中創造自己的一片天地。

以畫筆繪心聲　讓藝術跨越界限
成為生活與心靈的永恆共鳴

勇於追夢 不受限制

　　自小熱愛繪畫的理事長蔡瓊書，礙於當時社會風氣，繪畫普遍印象為無法當作一技之長，僅能作為興趣，而無法成為自己的專業發展。但憑著對繪畫的熱情，蔡瓊書並沒有放棄，從求學期間的美術課、大學時期的社團活動，持續接觸繪畫，儘管正式進入職場後，未能成為專職畫家，但對藝術充滿熱忱的蔡瓊書，仍舊把握空閒時間創作，從中精進，直到從工作崗位退休後，重返校園，攻讀藝術相關碩士，也正式開啟了油畫之旅。

　　藝術之路走來不容易，而這也是蔡瓊書退休後重回校園的原

因之一。當創作遇到瓶頸、停滯不前,也浮現了「該繼續畫下去嗎」的想法,卻又轉念一想,何不從零開始?於是決定一圓求學時期的夢想,更因此收穫不同的感受,繼續創作。

　繪畫種類眾多,最後以油畫創作為志業,是覺得油畫跟自己的個性以及形象接近,偏好油彩厚重、色彩豐富多變的特性,藉此創作多元作品。喜歡大自然的蔡瓊書,將對生活環境的觀察與感受,用畫表達。出生在雲林北港的她,一開始創作方向以鄉土為主,透過對周遭環境的紀錄,將景色作為題材,融入畫中,而認為作品要不斷成長進步的她,創作風格也在過程中漸漸地從實景轉為抽象,讓所見所聞,以另一

種方式呈現在大眾眼前。不過蔡瓊書認為自己的創作，不侷限為具象或抽象，她認為藝術沒有絕對的歸類，而是要在不同流派的藝術家中，吸收精華，不斷精進自己的技術，從中學習、開闊眼界進而成長。

把握機緣 學會付出

因緣際會下，被推舉為中華民國跨世紀油畫研究會理事長的蔡瓊書，本要以專心創作為由婉拒，卻想起作畫過程也因受過他人服務，才能更加專注於繪畫，於是決定當有機會貢獻所長時，要把握機會、承擔職位。

中華民國跨世紀油畫研究會，自 1999 年創立，多年來貫徹創新研究的宗旨，秉持精進繪畫技術之際更要創新繪畫風格的精神，持續邀請油畫新秀加入，也前進校園舉辦展覽，提供切磋的場域，藉此培育新一代的藝術家，將藝術往下紮根，期許成為藝術教育的啟發，也能朝向多元面貌成長；中華民國跨世紀油畫研究會每年舉辦全國性年度大展、藝術研討會等活動外，更樂於藝術文化交流，至全臺各縣市合作舉辦聯展，並前往中國及東南亞等地舉辦巡迴寫生及展覽，對藝術文化推廣不遺餘力，希望能集結藝術家的力量，將藝術的感染能力擴大發揮，讓人們能在畫作中得到療癒。

以畫會友 交織色彩

即使家庭環境不是非常支持自己的藝術之路，但自身對藝術的熱忱、藝術所給予的無限能量，促使蔡瓊書持續前進，可以發揮創造力繼續創作。除了自己的意志外，朋友、同行藝術家及師長的扶持與鼓勵尤為重要，因為不想辜負他們的支持，更加努力創作，也因為被認同而有自信。在這當中蔡瓊書印象最深刻的貴人，是剛開始在捷運站展覽時，買了自己四幅畫的企業家，因為作品得到別人讚賞，對當時的自己，如獲不可言喻的鼓舞力量，也是支撐自己走下去的動力；而過程中所受的批評，更是督促她成長的能量。

理事長蔡瓊書認為對藝術家來說創意很重要，作品除了技巧，更要有自己的風格、想法。透過和藝術家的相互交流、從中產生不同火花，藉由參與比賽給自己訂定目標、與其他作品切磋，進而檢視、調整自己的創作，是藝術的必經之路；除了臺灣，也至香港、澳洲、韓國等多國參加美術展，更透過作品於法國、韓國、美國等地參賽獲獎的她，感謝自己能把握上天給予的天賦好好發揮。以上是她的人生經歷，也與中華民國跨世紀油畫研究會，經常舉辦展覽的原因不謀而合——希望提供一個作品能互相碰撞的場合，讓藝術家們的作品能被看見，相互學習成長，彼此切磋琢磨。

利人才能利己

　　長期關懷慈善公益、環境議題的蔡瓊書，除了期許繼續創作更多精采畫作外，也期望自己的作品能對社會做出貢獻，透過作品與觀眾交流，以繪畫作為媒介，詮釋作者想法，引發觀眾思考、進而關注周遭環境。

　　一心堅持藝術之路、一路走來的蔡瓊書，想向有意進入藝術領域的人表達，藝術是從心出發，倘若決定要走這條路，不管遇到任何困難阻撓，都要堅持下去，這是身為藝術家不可或缺的意念，並且要不斷學習，除藉由技巧的實驗、琢磨，更要多嘗試、挑戰，使作品更多元，也要與時俱進，了解新的藝術市場、從中吸收經驗，讓自己的作品能臻於完善，還要學會推銷自己，發展到世界舞台。

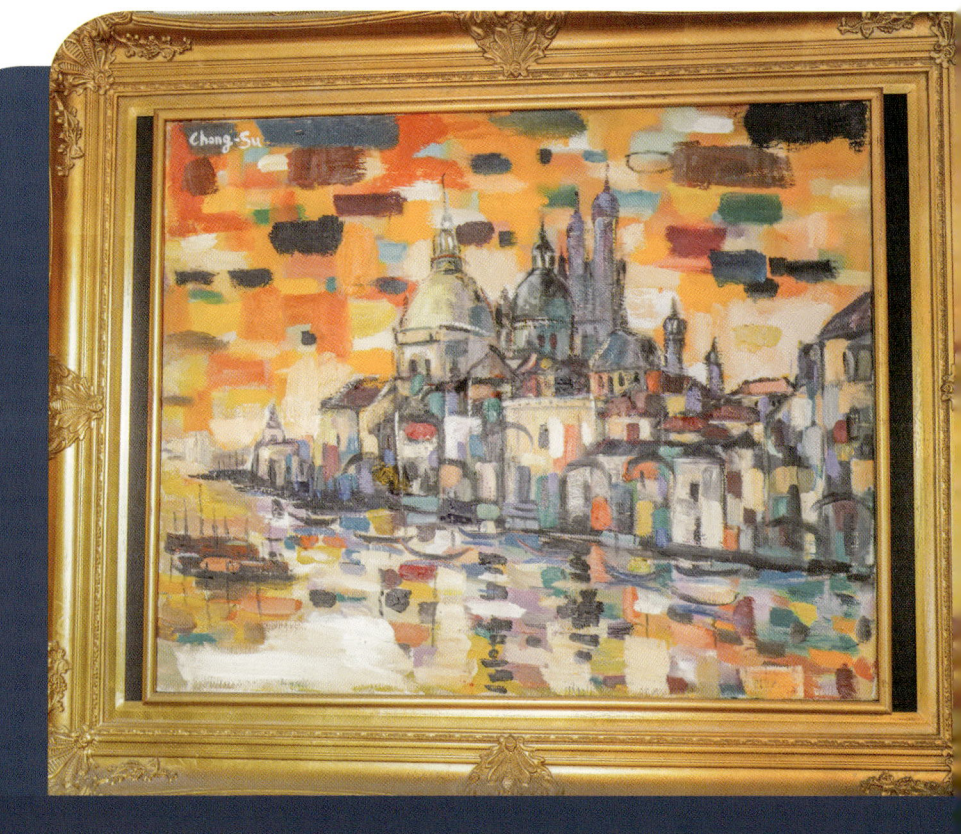

中華民國跨世紀油畫研究會

📞 0918-107-202

✉ darkstar8854@gmail.com

📍 臺北市中山區中山北路一段 53 巷 24-1 號 6 樓

FACEBOOK

勇敢面對挑戰　將挫折化為成長
開創屬於自己的新世界

勇敢走過條通
將每個艱辛化爲人生的新起點

擒慾實驗所
創辦人 席耶娜

席耶娜，一位在臺北林森北路上打拼多年、經歷無數挑戰的女性，將她的職業經歷與人生智慧轉化爲推動性教育的力量。從 25 歲初涉夜生活文化，到成爲臺灣影集《華燈初上》的顧問，再到創立「擒慾實驗所」，她一路走來，以勇氣與堅韌不斷突破自我，探索人生的多重可能性。這篇文章不僅記錄了她的職業成就，更展現了她如何將個人興趣與社會需求相結合，挑戰亞洲文化對性的禁忌，並以推廣健康性教育爲己任。席耶娜的故事，是一段充滿力量與啟發的生命旅程，讓我們看到，在困難中仍可堅持夢想，並創造屬於自己的成功。

條通女王的誕生 從陪侍到媽媽桑

　　席耶娜的故事從她 25 歲踏入台北的林森北路開始。這條繁忙的街道上匯聚了眾多日式酒店和夜生活場所，而「條通」的文化歷史可追溯至日治時期，當時日本官員聚集在此地。隨著臺灣社會的發展，條通逐漸成為臺北夜生活的重要區域，而席耶娜在這裡也迎來了她職業生涯的起點。

　　剛進入條通的席耶娜，面對著許多挑戰。她坦言自己並不是那種符合典型形象的酒店小姐，外貌普通、聲音粗啞，與同業相比毫不起眼。但她的特質在於對人性的洞察力和優秀的溝通技巧。她很快意識到，在這個充滿競爭的環境中，與客人建立深厚的情感連結才是成功的關鍵。「我學會了不僅是服務技

巧,更重要的是如何掌控人際關係中的情感尺度,這讓我走得更遠。」席耶娜說道。

隨著時間的推移,席耶娜從一名陪侍晉升為媽媽桑,這標誌著她職業上的重大突破。媽媽桑是酒吧的管理核心,她的角色不僅僅是提供服務,還需要負責整個團隊的運營與日常管理。她的責任包括培訓新人、管理客人關係,甚至處理財務運營等各種挑戰。「成為媽媽桑讓我擁有更多的控制權,也讓我明白了如何在這個行業中保持平衡與穩定。」她回憶道。

擔任《華燈初上》顧問 夜生活文化的真實再現

席耶娜的豐富經驗和她在條通的地位逐漸引起了影視界的關注。Netflix推出的熱門影集《華燈初上》以臺北條通為背景,描繪了夜生活中的各種故事。該劇的製作團隊意識到,要真實呈現這個充滿歷史與情感的文化場景,需要一位內行人提供指導,於是他們邀請了席耶娜擔任文化顧問。

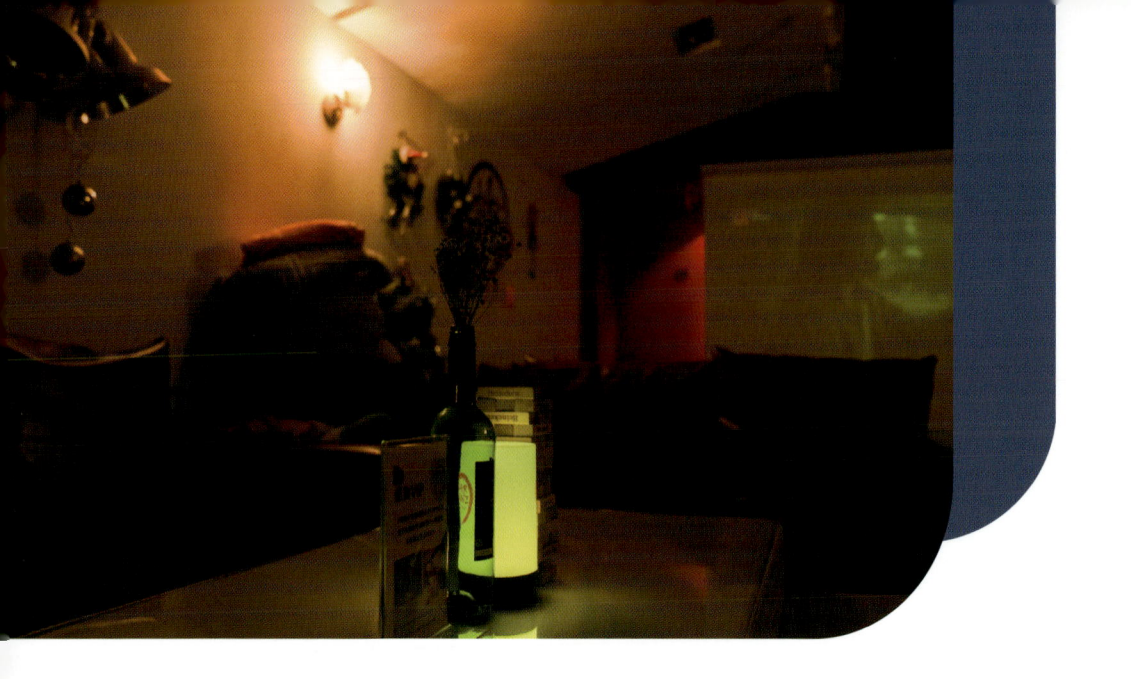

這次合作讓席耶娜得以將她二十多年來的工作經驗融入影視作品中。她幫助演員理解媽媽桑這一角色的內心世界，讓他們能夠真實地演繹出這些生活在條通中的女性。「媽媽桑不僅僅是一個管理者，更多時候她們是客人的情感支持者。她們需要具備極高的情感智商，懂得如何安撫和引導客人的情緒。」席耶娜說。

在她的指導下，演員們學會了如何通過細膩的表情和肢體語言來傳達角色內心的複雜情感。這不僅使表演更加真實，也讓觀眾能夠感受到條通背後的故事。席耶娜回憶這段經歷時表示：「能夠將條通的文化帶入影視作品中，這對我來說是一件非常有意義的事。我希望觀眾看到的不僅僅是繁華的夜生活，還有這裡的人們的真實情感與故事。」

「擒慾實驗所」探索情感與人際關係的全新領域

　　席耶娜在條通的工作經歷讓她對人際關係和情感管理有了深刻的理解。她發現，無論是酒店中的客人還是生活中的朋友、家人，人們常常因為缺乏有效的溝通而面臨情感困境。這促使她創立了「擒慾實驗所」，一個專注於情感與人際關係的教育平台，旨在幫助人們更好地理解和處理情感問題。

　　「擒慾實驗所」的課程設計涵蓋了兩性關係中的溝通技巧、情感管理以及如何處理情感衝突等主題。席耶娜相信，情感智慧不僅僅適用於浪漫關係，還應用於家庭、職場以及各種人際互動中。「很多人面臨的情感困境，往往是因為他們無法正確表達自己的需求。我希望通過這個平台，幫助他們學會如何更好地表達情感、處理矛盾。」席耶娜說。

她將自己多年的工作經驗與心理學理論相結合，開發出一套實用的情感教育課程，幫助人們在生活中找到平衡。學員們來自不同背景，他們在這裡學習如何與伴侶、家人以及朋友建立更健康的情感聯繫。席耶娜強調：「情感智慧是一種生活技能，不僅僅關乎愛情，它能幫助我們在各種人際關係中取得成功與滿足。」

　　「擒慾實驗所」推出後，受到了廣泛的好評。學員們在課堂中學到了實用的情感技巧，並學會如何以更積極的方式處理人際關係中的矛盾與挑戰。席耶娜感到十分欣慰，因為她相信這個平台能夠幫助更多人找到情感生活中的力量，並提升他們的情感智商。

保護與推廣條通文化 肩負起使命

　　隨著臺灣社會的發展，條通這片曾經繁華的夜生活中心逐漸沒落。許多日式酒店因經營困難而關閉，條通的光彩漸漸褪去。作為條通文化的重要一員，席耶娜對此深感不安。她不願看到這片充滿歷史和文化價值的區域隨著時間的流逝而消失，於是決定肩負起保護與推廣條通文化的責任。

　　2015 年，席耶娜成立了「條通商圈發展協會」，致力於保存條通的歷史與文化價值，並推動社會對這片區域的重新認識。她親自帶領文化導覽活動，讓參加者了解條通的歷史背景，探訪那些曾經見證無數故事的酒店。「條通不僅僅是臺北夜生活的一部分，它還見證了臺灣社會的變遷。我希望更多年輕人能夠認識到它的價值，並共同參與保護它。」她表示。

席耶娜不僅專注於文化推廣，還致力於為條通的從業者爭取更多的社會認可和權益保障。作為「臺北市娛樂公關經紀職業工會」的理事，席耶娜長期以來一直致力於消除社會對酒店行業的誤解，並為從業者爭取合理的工作保障。「這個行業中的從業者應該被尊重，他們付出的情感和專業不亞於其他行業。」她說道。

　　疫情期間，條通的酒店業受到重創，許多酒店被迫關閉，大量從業者失去工作。席耶娜聯合社會福利組織，發起了一系列援助活動，幫助那些在疫情中失去生計的從業者。她相信，通過社會的共同努力，條通文化不僅能夠得以保留，還能在未來重獲新生。「條通是我的家，也是我的再生父母。現在，我要回饋這片土地，讓更多人看到它的美好與價值。」她堅定地說。

擒慾實驗所

✉ lbookstoreweb@gmail.com

📍 臺北市中山區林森北路 107 巷 9 號
（非課程地址）

席耶娜 INSTAGRAM　　INSTAGRAM　　FACEBOOK

創新無界 科技與熱情交織
讓高爾夫成為生活的無限可能

突破傳統界限
模擬科技開啟高爾夫新時代

魔球高爾夫 Venom Golf
創辦人 林隆瑋

　　高爾夫，這項長久以來象徵精英生活方式的運動，如今正在經歷一場革命。透過模擬科技的創新，這項運動正逐步走出傳統場地的限制，進入更多人的日常生活。而站在這場變革前沿的，是魔球高爾夫創辦人林隆瑋。他以對高爾夫的熱愛為起點，結合技術創新與市場洞察，讓一項高門檻的運動變得觸手可及。這不僅是一個企業家的創業故事，更是如何運用科技改變傳統運動格局的典範。

高爾夫的平民化之路

　　在高爾夫這項運動的刻板印象中，它總是與奢華、高門檻、精英運動劃上等號。然而，林隆瑋——魔球高爾夫的創辦人，卻決心改變這一切。他的目標是讓高爾夫成為人人都能參與的運動，而非僅屬於少數精英的專屬活動。「高爾夫的魅力不僅在於競技，更在於心靈的沉澱與修行。」林隆瑋說道。

　　林隆瑋的創業靈感，來自他自己對高爾夫運動的熱愛。他回憶起初次接觸高爾夫的經驗，提到揮桿擊球瞬間的正向回饋感，讓他迷上了這項運動。擊球的聲音、手感傳遞到大腦所帶來的滿足感，使他體會到高爾夫的獨特魅力。然而，他也清楚地意識到，高昂的成本與場地需求，讓許多人望而卻步。

這種熱愛並不僅僅停留在個人層面，而是升華為一種使命感。他希望高爾夫能成為促進人與人之間交流的橋樑。「在高爾夫場上，你可以與完全不認識的人同組打球，四五個小時下來，彼此建立起一種獨特的連結，這是其他運動無法取代的。」這也成為他致力於推廣高爾夫的最大動力。

過去的經歷也為他的創業埋下伏筆。林隆瑋曾在行銷與品牌管理領域深耕多年，甚至站上 Google 的分享舞台，介紹自己創建的網紅搜尋平台。這些經驗不僅讓他累積了商業洞察，也培養了他對市場趨勢的敏銳嗅覺。當他決定以模擬技術革新高爾夫時，他的初心是清晰的：降低門檻，普及運動，為更多人帶來這項運動的樂趣。

突破傳統限制 魔球高爾夫的多元應用

　　魔球高爾夫的模擬器是一個跨越技術與運動的創新成果。這台設備能夠精確捕捉揮桿數據，並提供即時的分析與建議，讓使用者即使身處室內，也能感受到如同真實球場的臨場感。林隆瑋認為，模擬技術的價值不僅在於還原真實體驗，更在於教育功能。他特別為模擬器設計了內建教學模式，幫助初學者快速上手，同時滿足進階玩家提升技巧的需求。

　　除了技術上的突破，魔球高爾夫的模擬器還融入了遊戲化設計。用戶可以參與虛擬的高爾夫競賽，與朋友或全球其他玩家即時對戰，增添了趣味性與競技性。「我們希望不僅是模擬真實體驗，更能讓高爾夫變成一種娛樂，讓人從中找到更多樂趣。」林隆瑋補充。

為了實現高爾夫的普及化，魔球高爾夫的模擬器被設計得便攜且價格親民，這使得它能夠適應多元場景。無論是在家中、辦公室，還是在學校或商業活動中，這台模擬器都能靈活應用，帶來彈性的運動選擇。企業可以利用模擬器設置員工休閒區，學校則能融入體育課程，讓學生在校園內即可體驗高爾夫的魅力。

　　此外，林隆瑋特別參考了韓國市場的成熟模式，將其運用到台灣的產品設計與市場策略中。他觀察到韓國的高爾夫模擬市場不僅滿足運動需求，更融入了休閒娛樂與社交功能，這為魔球高爾夫的市場定位提供了啟發。「我們不僅要讓高爾夫成為運動，更希望它成為一種生活方式，甚至是一個社交平台。」林隆瑋解釋。

直面挑戰與逆境 創業過程中的穩健策略

創業初期，林隆瑋面臨了突如其來的疫情挑戰。封城與社交距離限制，使得高爾夫模擬器的推廣計畫受到了極大的阻礙。「當時最困難的，不是技術的開發，而是如何在市場停滯的情況下讓公司生存下來。」林隆瑋坦言。

為了應對困境，他果斷做出了一系列重要決策。在疫情封城前，他選擇提前結束租約，並解散大部分團隊，將公司的固定支出降到最低。他甚至將設備贈與團隊成員，幫助他們自行創業，這不僅為公司減輕了壓力，也為這些夥伴開啟了新的發展機會。「創業是一場持久戰，最重要的是活下去。」林隆瑋回憶道。

林隆瑋並沒有因疫情而停止創新，反而更加專注於技術的優化與產品的功能提升。他認為，疫情雖然限制了實體體驗，但也加速了人們對數位化與遠程技術的接受程度。這為魔球高爾夫提供了新的機會，讓產品能夠更快速地融入到日常生活中。

這些應變策略，不僅讓公司在疫情期間存活下來，還為後續的發展奠定了基礎。林隆瑋認為，這段經歷讓他對創業有了更深的理解：危機是檢驗創業者韌性的最佳時機，而每一次挑戰，也都是尋找新機會的起點。

重新定義可能性 高爾夫的全球化與新方向

展望未來，林隆瑋對魔球高爾夫有著宏大的願景。他計畫在現有模擬技術的基礎上，結合人工智慧（AI）與虛擬實境（VR）技術，進一步提升玩家的沉浸感。他希望創造出一個全球互聯的高爾夫平台，讓玩家能夠即時競賽，並透過數據分析優化自己的技巧。「我們不僅是要做一台設備，而是要打造一個全球高爾夫愛好者的生態圈。」林隆瑋說。

除了技術創新，林隆瑋也希望擴大魔球高爾夫的應用場景。他計畫將模擬器引入養老機構、社區中心和教育機構，讓更多不同年齡層的群體都能享受高爾夫的樂趣。「高爾夫不只是運動，更是一種生活態度，它可以讓人找到內心的平靜，也能促進社會互動。」他強調。

更值得期待的是，他計畫建立多功能運動中心，結合高爾夫、瑜伽、體能訓練等項目，為消費者提供一站式健康生活體驗。他認為，未來的高爾夫將不再侷限於球場，而是成為現代生活的一部分，讓更多人從中受益。

林隆瑋相信，高爾夫的未來不僅關乎運動，更是一種生活方式的延伸。他的創業故事，為我們展現了一種將熱愛與創新結合，並用科技實現夢想的可能性。

魔球高爾夫 Venom Golf

- 02-26332222
- Will@venomgolf.club
- 臺北市南港區市民大道 100 號 2 樓
- @venomgolf

官網　　INSTAGRAM　　FACEBOOK

點亮品牌之光

收錄20個勇於實踐、翻轉人生的夢想故事 ⑤

編　　　著	優報導youReport
出　版　者	優識文化股份有限公司
地　　　址	台北市大安區忠孝東路四段320號2樓
電　　　話	(02)2752-5031

發　行　人	林俊杰
總　編　輯	林渝珊
主　　　編	卓明萱
執行編輯	李沛鍶
專案企劃	陳亭妤
採　　　編	王上青、陳佩妤、陳毓庭、黃康寧、盛珮芸、林詩淇
封面設計	凱西Cassiey
排版編輯	黃靖雯
攝　　　影	許育森

總經銷商	旭昇圖書有限公司
地　　　址	新北市中和區中山路二段352號2樓
電　　　話	(02)2245-1480

製版印刷	復揚印刷有限公司
出版日期	中華民國113年12月 初版4刷
ＩＳＢＮ	978-986-99942-5-5(平裝)
定　　　價	新台幣490元

國家圖書館出版品預行編目(CIP)資料

點亮品牌之光.5/優報導youReport編著. -- 初版. -- 臺北市：優識文化股份有限公司, 民113.12印刷
　面；　　文化
ISBN 978-986-99942-5-5(平裝)

1.CST: 企業家 2.CST: 傳記 3.CST: 創業

490.99　　　　　　　　　　　　　　　　113019958